"十四五"普通高等教育本科部委级规划教材

首饰设计系列丛书

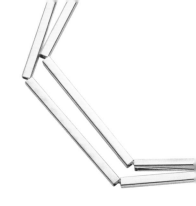

首饰设计 与制作

SHOUSHI SHEJI
YU ZHIZUO

数字化技术与应用

宋 懿 编著

U0241820

中国纺织出版社有限公司

内 容 提 要

随着数字化浪潮的到来，首饰产业积极寻求数字化升级转型，"数字化思维"与"数字化技能"成了首饰人才助力产业转型的基本素养，也是青年人面向未来，积极寻求多元化创新的契机。

本教材突破传统思路，发掘首饰数字化教学的新内涵，全面、系统地讲述了首饰与数字化交叉创新的知识内容，包括首饰数字化设计、首饰数字化制造、首饰数字化展示与传播等，结合典型设计与制作案例，探讨如何通过数字工具的更新去启发思维、改变观念，引导学习者认识数字化对首饰创新的重要影响，拥抱新工具、掌握新技能、洞察新机会、接受新挑战。

本书图文并茂，案例丰富，实用性强，适合高等院校首饰专业师生阅读，也可供从业人员参考使用。

图书在版编目（CIP）数据

首饰设计与制作：数字化技术与应用 / 宋懿编著
. -- 北京：中国纺织出版社有限公司，2021.6
（首饰设计系列丛书）
"十四五"普通高等教育本科部委级规划教材
ISBN 978-7-5180-8488-3

Ⅰ . ①首… Ⅱ . ①宋… Ⅲ . ①首饰—设计—教材②首饰—制作—教材 Ⅳ . ①TS934.3

中国版本图书馆 CIP 数据核字（2021）第 067931 号

责任编辑：李春奕　籍　博　　责任校对：楼旭红
责任设计：何　建　　责任印制：王艳丽

中国纺织出版社有限公司出版发行
地址：北京市朝阳区百子湾东里 A407 号楼　邮政编码：100124
销售电话：010 — 67004422　传真：010 — 87155801
http://www.c-textilep.com
中国纺织出版社天猫旗舰店
官方微博 http://weibo.com/2119887771
北京华联印刷有限公司印刷　各地新华书店经销
2021 年 6 月第 1 版第 1 次印刷
开本：787×1092　1/16　印张：11.5
字数：153 千字　定价：78.00 元

◇ 面向未来的首饰数字化教学

今天，人类正在经历信息技术全面促进产业变革的第四次工业革命。随着计算机技术的不断发展，数字化成了当下最活跃、交叉创新最密集、渗透性最广泛的技术要素。美国先进制造与工业互联网、德国工业4.0、英国数字战略以及《中国制造2025》行动纲领，先后提出积极推行数字化、网络化、智能化制造的国家战略，表明了全球数字化浪潮的到来。先进的数字化技术在加速经济发展、提高生产效率、培育新市场、带来新增长点以及激发多元创新等方面发挥着重要作用。

各行各业将数字化技术视为未来发展的着力点，提出以信息化、智能化为内涵的"数字化升级转型"。首饰作为劳动密集型产业，业务模式相对传统，各环节数字化、信息化程度不高。中国作为全球第二大珠宝首饰消费市场，数字化升级转型的意愿异常迫切。从生产方式到业务模式，从企业内部管理到零售终端，无论是设计研发、产品生产还是管理服务，都在积极构建系统化、平台化、智能化的运作体系，全面应对产业转型与未来发展。

新技术、新业态、新模式层出不穷，面向未来的人才需求也发生了改变。技术的更迭速度要求学习者用先进的思维与技能武装自己，面向未来，保持开放，在变化中识别机会、抓住机会，创造价值。以前，学习者仅具备专业知识就够了，现在除了专业知识，还要求学习者具备"数字素养"，用"数字化思维"与"数字化技能"适应产业新的发展趋势。学习者要密切关注科技的进步，善于利用数字资源，具备整合信息、分析信息的能力以及良好的工作习惯，用先进的计算机软件技术、智能制造技术、数字化传播技术武装自身，保持独立思考的同时，洞察行业需求。

本教材着重提出数字化时代该如何构建学习的意义，学习者需要怎样转变才能适应首饰产业的数字化转型。教材聚焦数字化思维启发设计创新，借助多元化的集成制作手段，让首饰与更多领域产生交叉，从而突破传统思路。本教材分为首饰数字化设计与创新、首饰数字化制造、首饰数字化展示与传播三个主体部分，分别从设计端、制造端、传播端，全面、系统地总结首饰与数字化技术的交叉知识点，以回应首饰产业转型对青年人才的思维需求、知识需求与技能需求。

在创新意识不变的前提下，创新的工具是可变的。面向未来，任何一次变化都会经历"看不见""看不起""看不懂""来不及"四个阶段。学习者要拥抱新工具、掌握新技能、接受新挑战，识别数字化进程中的新机会……

编著者

2021年2月1日

◈ 目　录

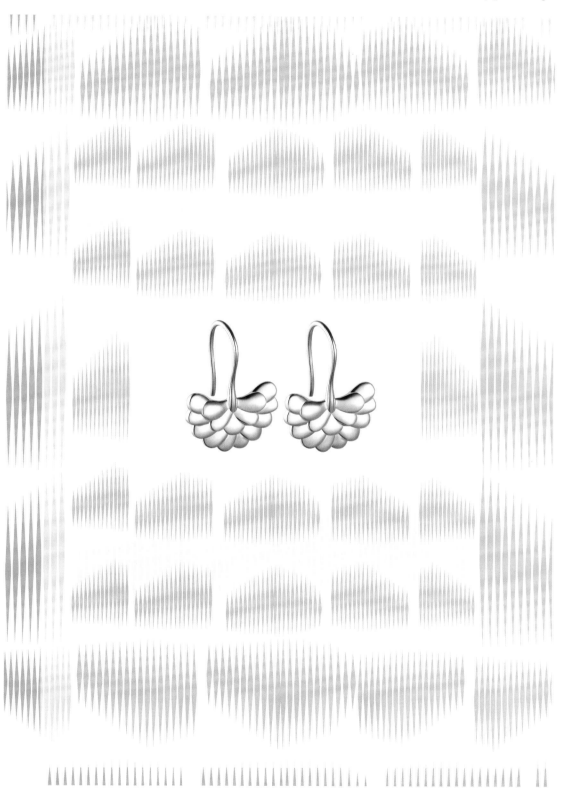

第一章

数字化时代的产业重塑

一、数字化技术概述

（一）数字化的定义

在设计与制作的过程中，关键步骤或因素涉及计算机，我们都可以称为"数字化"。数字化设计和数字化制作是以计算机的软、硬件为基础，以提高设计质量和生产效率为目标的技术集成，与传统的方式相比，更加强调计算机和信息化技术在实践过程中的影响。人们会把计算机视为数字化实践过程中的重要辅助工具。

今天，人们对数字化的理解，更多地体现在互联网、云计算、大数据、社交媒体、物联网、电子商务、人工智能等应用场景。对首饰设计而言，表现为快速响应以及全工作流程的数字化；对首饰制作而言，是利用自动化数控技术提高效率、优化加工质量；对运营管理而言，是借助数字化管理系统与数据分析，追踪需求变化，完成销售、管理、生产等多环节的智能协同；对终端的展示与传播而言，是借助交互技术，增强沉浸体验，突破客观条件的物理局限。

目前，计算机辅助设计（CAD）与计算机辅助生产（CAM）已经大面积普及，用于优化设计过程、提高设计质量、提升生产效率。首饰与数字化的结合，不仅指计算机建模技术、3D打印工艺或者智能可穿戴产品，这些仅是数字化末端的应用。我们应该认识到，数字化是工具革新引发的一种"思维方式"和"创新能力"，它时刻存在于设计师的意识层面，并对整个设计进程、生产进程、传播进程产生启发与影响，催生新的设计方式，带来新的发展机会（图1-1）。

（二）数字化的技术基础

我们身边的信息多种多样，有声音、字符、图形、图像，想要在信息之间产生交换，形成指令式的信息控制，需要信息之间的转化，产生传达、沟通和处理。计算机技术支撑着生活中最熟悉的数字化场景，并为场景赋能。在军事、医疗、航空航天、金融、汽车、农业、教育、旅游等领域，数字化技术用其特有的方式改变着人们的生活方式与思维观念。而首饰产业，从早期

图 1-1　喷蜡 3D 打印制作的首饰

设计师使用计算机软件绘制图纸、建造模型，到使用快速成型技术辅助加工生产，再到智能可穿戴首饰脱颖而出，以及虚拟首饰试戴、三维虚拟展示、大规模定制和新零售数字化店铺的应运而生，这些都成了数字化技术渗透到首饰产业的典型场景和热点应用。

二、首饰产业的数字化升级

（一）数字化进程对首饰产业的影响

产业的数字化转型，指的是用信息重新定义企业的业务模式和操作流程。信息不透明、数据不共享、反应不敏捷、业务不多样、匹配不精准是首饰产业所面临的普遍问题。我们看到越来越多的首饰企业通过自身的努力践行着数字化升级：构建开放、敏捷的产品开发流程；用智能生产与供应链管理优化内部生产；试水数字化新零售；使用大数据形成决策与业务模式；借助互联网金融联通用户，解决产业痛点等。

1. 对产品开发的影响

在产品开发方面，速度是第一需求，但传统首饰产品开发过程缓慢、缺乏效率、灵活性不够是普遍存在的问题。如凭主观感受盲目制定开发规划，拖沓、反复修改，从设计、制版到量产的环节冗长繁多，抄袭、同质化严重，缺乏原创等。敏捷的产品开发是通过观察市场趋势以及消费者偏好变化，从数据分析中寻找证据，在科学的基础上设置合理的开发线路。同时，通过数字化管理流程的协同，即时、快速地将新的想法补充到迭代样品中，尝试制定更快的开发节奏。设计环节与制版环节相互配合，强化时间节点的管理与效果验收标准，以此来适应不断变化的消费需求。除了敏捷外，消费者不再满足于标准品和同质品，对产品的预期达到了前所未有的高度。于是，用户参与式设计越来越受消费者青睐，线上的平台定制业务逐年上升（图1-2）。

2. 对生产与供应链的影响

敏捷的首饰产品开发对企业内部的生产系统和供应链管理提出了严峻的挑战。大批量、集中式的生产方式迅速向分散化、个性化转变。通过变革传统的生产过程，推动自动化，快速提升效率，从分散管理逐步转化为集成管理。

首饰工厂较多采用经验型、工匠型、传统型的管理模式，想要构建数字化技术与生产过程的全面融合，需要在工作流程、管理方式、技术水平等方面做出改变。最早提出智

图 1-2　开发敏捷且款式多样的时尚首饰产品

能生产的是以德国为代表的"工业4.0"，将人、信息、资源、物品紧密连接，将生产工厂转变为智能环境，实现智能制造。本质上是通过大数据、云计算、系统控制下的柔性制造，让生产资料得到效率最佳的配置，让数据发挥作用，把产品设计、生产规划、制造执行、供应链匹配、分销管控、服务等各个模块整合在一个具有凝聚力的数字管理系统中。

3. 对零售终端的影响

数字化技术使零售过程更具趣味性、参与性以及沉浸感，用独特的感知视角优化消费体验。今天的零售卖场，不仅是物品交易的场所，更是复合式的体验空间。使用VR虚拟现实技术、AR增强现实技术、全息影像技术、虚拟试戴技术、传感器技术、图形交互技术等，让零售卖场更像是一个"展厅"，对消费者产生吸引。

4. 对业务决策的影响

首饰开发流程中的决策方式多为集权式和经验式，依靠猜测与预判来感知市场现象与消费者偏好，或根据已有的潮流现象，采取保守的"跟风"与"复制"，业务模式、开发方式相对单一，对数据的价值认知有待进一步强化。目前，较多首饰企业开始增设信息部门，并设置CIO首席信息官岗位（Chief Information Officer），这表明企业希望通过数字化手

段改变现状的意愿愈加强烈。

通过对上述现象的解读，能够深深感受到首饰的数字化进程越来越全面、深入，对从业者自身的数字化素养提出了新的要求与期待。

（二）首饰数字化的人才需求

数字素养这一概念最初是由学者保罗·基尔斯特在1997年提出的，指的是获取、理解和整合数字信息的能力，如网络搜索、超文本阅读、数字信息批判与整合等。在数字化时代背景下，对青年人才的要求，既包括对数字资源的接受能力，也包括对数字资源的学习能力、整合能力。在这里，我们将数字化素养分为"数字化思维"与"数字化技能"两个部分进行理解。

1. 数字化思维

数字化思维，可以理解为意识与方法，决定着我们面对新问题，能否主动将数字化技术作为解决问题的媒介和手段，将各领域先进的技术跨界整合到自身所在的行业里。设

计者借助开放的心态，协同各专业背景的专家、人才加入团队，相互配合，通过数字化手段解决专业性难题。

2. 数字化技能

数字化技能指的是运用数字化技术的能力，包括掌握数字化软件，了解数字化设备及其工作原理的能力。随着数字化技术向各领域渗透，劳动者越来越需要具有双重技能，即数字技能和专业技能。首饰设计高校，积极布局数字化教育，从早期的电脑建模，到3D打印技术，再到参数化设计的实践应用，开设编程、智能可穿戴等通识性专业课，使学生了解基础的计算机科学知识。但是，数字化赋予首饰教育最宝贵的莫过于数字化创新意识，以及数字化工具如何影响设计的创新方式。

目前，我国首饰产业数字高素养人才不足，一方面受从业人员自身教育水平限制，不具备交叉整合资源的能力；另一方面，高学历人才数字化实践能力较弱，鲜少与前端实践接轨，多停留在数字化手工制作和概念探索阶段。

首饰产业需要大量具备数字化素养的人才储备。青年人才需要保持开放的心态，愿意去迎接跨领域、跨专业、跨部门之间的协同与整合；了解当下数字化技术在前沿领域的发展现状；思考未来数字化发展的变革趋势。

?

思考题

1. 首饰中有哪些基于数字化技术产生的新业务？请举例说明。

2. 哪些能力能帮助人们更好地适应未来变化？

3. 你认为自己具备数字化思维并熟练掌握数字化技能吗？

4. 你是否关注全球范围内其他领域里的新兴科技？请举例说明。如果让这项技术跟首饰发生关系，会产生怎样有趣的结果？

5. 什么样的首饰企业会吸引你？为什么？

第二章

首饰数字化设计与创新

首饰数字化设计的独特性在于强化了计算机在设计进程中所产生的影响，在调查分析、造型探索、方案建模、性能分析、优化生产等相关环节中，以计算机软、硬件技术为基础，实践全新的设计视角和开发目标。

1963年，伊凡·萨瑟兰首次提出计算机图形学（Computer Graphics）的概念，计算机图形学作为一个独立学科，是用数学的方法生成、处理和显示图形、图像的科学。主要的应用领域有计算机辅助设计与制造、计算机辅助教学、计算机动画、科学计算可视化、虚拟现实等。20世纪80年代，数字化技术开始全面融入艺术设计领域，并与各类表现形式结合，逐步影响设计的过程与创新方式。在审美层面，数字化技术体现出人机协同的特殊美感，形成了全新的数字美学风格与科技艺术门类。数字化技术给艺术设计带来新的表现手段，使艺术家和设计师的思维得到了延伸，想法更为大胆，并带有深刻的时代印记。工具的转变，使互联网技术、算法技术、交互技术与设计相遇，碰撞出有趣的设计结果。计算机学科和设计学科之间的频繁交叉，带来了区别于传统设计的新鲜视角、工作流程以及美学效果。

一、数字美学的特征

数字化技术对艺术设计领域所带来的影响，不仅表现在末端细节的优化，更是意识层面的深刻变革，对整个艺术进程以及审美文化产生着重要的影响。数字化技术驱动的创造行为，拓展了人们惯有的审美经验，也为设计的表现形式与手段提供了独特的媒介。开放性、参与性以及交互性，是数字美学区别于其他传统美学的特征，也是艺术家、设计师为此深深着迷的原因。

（一）身份模糊与共情互动

在数字美学的审美过程中，艺术家或设计师不再只是创作者和信息传输者，而是组织者与协调者。体验者不再只是外部观看，也是参与者和创作者，艺术家和体验者之间没有明确的区分。这就造成了审美主体身份的模糊性以及过程中所体现出的"民主""去中心""去权威"。所有的参与者都是独立的个体，与创造者拥有平等的身份，不再仅接收单向的传播，而是相互作用，相互影响。数字技术的开放造成了审美方式的民主，创造流程的自由，审美过程具备可修改、可参与的衍生能力。

观众可以更容易参与到艺术行为中形成互动，无论是单纯的点击鼠标还是参与改变结果。总之，在整个环节中，沟通、合作成为重要的要素，这让美学感受变为一种"过程体验"。数字美学不再是"只读艺术"，而是更强调参与其中所带来的共情与理解，公共性更为明显。

（二）沉浸感与便捷性

数字化技术的虚拟性和互动性，形成了无限放大的沉浸感，让数字美学的审美距离与观众非常贴近。距离的变化以及虚拟的真实感会引发种种反思，模糊了虚拟与真实世界的界限。无论是虚拟现实、增强现实还是混合现实，不断涌现的虚拟技术，会继续消减审美的距离，从而为参与者带来强烈的感官刺激与知觉幻想。

越来越多的艺术内容以更快的速度传达给受众，并改善了创作者与观众的交流方式。数字技术能够为审美行为提供便利，有效地辅助大众欣赏和品鉴审美客体，例如：数字化网站建设、社交媒体推广、展厅信息装置、虚拟导览、虚拟美术馆、展品数字化存档等，都在用数字技术改造审美环境、释放影响力、降低审美成本、提高与大众的亲和度。

（三）审美趋势不断进化

数字化技术与艺术的关系构成了数字美学的基础，技术更新成了审美方式不断演化的内在动力。随着科技的飞速发展，任何新的科技手段都可以产生新的艺术物种和艺术形态。科技会对未来艺术设计在创作和美学上形成冲击，不停地被刷新和重新定义，呈现出审美价值的进化性。

二、数字艺术的种类

人们一方面把技术当作是创作的来源，基于技术本身进行美学表达，形成"技术美学"；另一方面，借助先进技术，强化观念体验，带来了全新的美学样态。技术更迭引发了创作思维和艺术形式的多样，如人工智能艺术、纳米艺术、智能交互艺术、生物艺术、智能材料艺术、虚拟现实艺术等新形态，反映着当下社会的科技水平、生活方式以及思辨现状。

（一）数字制造艺术

数字制造艺术的特点在于使用计算机驱动特殊的制造

图 2-1 设计师艾里斯·范·荷本 2011 年发布的 Escapism 系列

手段辅助艺术表现。荷兰设计师艾里斯·范·荷本（Iris Van Herpen）长期致力于数字化技术驱动的服装创新。2007年创办了同名时装品牌，发展至今，作品以充满视觉冲击力的科技与艺术相结合，大量采用科技元素和手段实现外观造型与制造方式的突破，让艾里斯·范·荷本的服装艺术充满超现实主义以及未来质感。除了将参数化图案大量应用于服装面料外，设计师还是将 3D 打印技术引入服装高级定制的先锋，构建不需要缝合的立体廓型。艾里斯·范·荷本在 Escapism 系列里与建筑师丹尼尔·威德里格（Daniel

Widrig）合作，使用 3D 打印快速原型技术，制作了不需要缝合的立体服装（图 2-1）。在 Shift Souls 系列中的面部珠宝，是与代尔夫特理工大学合作，使用高分辨率多材料打印而成。在设计过程中，通过三维人脸扫描技术，将面部信息与 Grasshopper 软件中的三维形状结合在一起，使打印出来的面具与人脸绝对贴合，适应不同五官的起伏。2018年春夏的 Ludi Naturae 系列，艾里斯·范·荷本与代尔夫特理工大学合作研发了一种新型混合 3D 打印方法，使用 Polyjet 3D 打印技术将合成树脂打印到厚度仅为 0.8mm 的透明薄纱上，

赋予了材料多变的立体效果和非凡的柔软性。

（二）身体交互艺术

身体交互艺术是以计算机技术为基础的人机交流与互动的一种艺术形式。人机交互技术先后经历了鼠标控制、多点触控和体感技术三次重大革命。今天，Kinect 肢体交互技术、Leap Motion 手势交互技术、Tobii 眼球交互技术，可以做到计算机识别动作、手势、人脸、情感、眼部运动、语音、大脑皮层活动等，并被广泛应用于科技艺术与身体互动的探索中。人们可以通过身

体、手势、表情、语音、眼球与周边的装置或环境产生信息交互、内容互动。这就为设计师的艺术创作和概念探索提供了技术支持。

由Fast Co Labs公司研发的Neclumi微型影像光影首饰，依靠固定在衣服领子上的微型投影仪投射出发光影像图案，与身体行为产生交互。该款产品尚处在原型开发阶段，发光的影像图案照射到佩戴者的脖子上，如同戴了一条发光项链。佩戴者通过专门的应用软件对项链进行控制，如调整光束的宽度和位置，根据不同的身体动作、行走方向以及发声的音量，引发图案的形状变化，获得动态的装饰效果。被强化的交互性通过佩戴者各种身体行为表现了出来，从而丰富了首饰的美学内涵。不让首饰停留在传统的"单一"和"稳定"中，而是将更多变化的要素加入其中，从而产生了创新的可能性。

（三）虚拟现实艺术

虚拟现实艺术是在虚拟现实技术的基础上发展而来的，无论是增强现实技术（Augmented Reality）、混合现实技术（Mixed Reality）还是虚拟现实技术（Virtual Reality），都是依靠数字化技术，实现了建立在非真实性上的知觉体验，让艺术家借助现实与虚拟的模糊界限表达艺术思想。虚拟现实技术是一种支持创建虚拟世界的计算机模拟系统，自由营造人与环境的接触场景，用有冲击力以及沉浸感的方式，强化环境与人的多源信息融合，带来了时间与空间的全新感知。此时，数字界面不仅是一个"窗口"，使人们可以进入虚拟世界并沉浸其中，它还是一扇"门"，支持人们从虚拟和现实生活中来回穿梭、相互关联。

2018年中国国际时装周，举办了一场主题为"身体植物园"首饰作品发布会。设计师联合叙事空间设计师和动画艺术家使用"数字巫术"，以"欢迎来到我的星球"为故事线索，把秀场营造成一个多媒体故事空间，为观众讲述了一个人类穿越时空，探索植物星球的虚拟幻想故事（图2-2）。在秀场体验区内，观众可以佩戴VR头盔，在Sansar虚拟社交平台中，借由人类宇航员的数字化身进入由首饰模型搭建的虚拟星球中，数字化身可以在三维图稿中跑动、穿梭、浏览，甚至走入模型的内部，感知不同的视觉维度（图2-3）。借助虚拟空间，能有效打破信

图 2-2 首饰发布会 VR 体验区

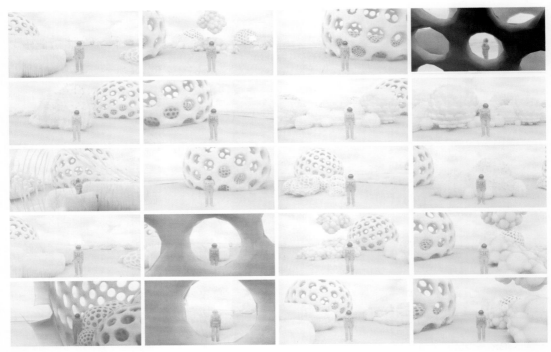

图 2-3 基于 Sansar 平台建造的虚拟星球

息传递中的地域局限和时间跨度，使受众沉浸其中，获得一系列的沉浸体验，帮助设计师强化设计概念，延伸了观众对作品的感知角度。

（四）智能生物材料艺术

智能生物材料艺术建立在艺术家对现有工具、材料和创造逻辑的基础上，融合设计、生物学、电脑计算以及材料工程的艺术形态，根据环境、温度、声音、光线、位置等信息反馈，进行自发性的调整与适应，具备生命性、变化性或情感力，甚至是认知与判断的一种艺术形式。美籍以色列设计师奈丽·奥克斯曼（Neri Oxman），同时也是麻省理工学院媒体实验室的副教授，致力于智能生物科技的创造，并开创了"材料生态学"。奈丽·奥克斯曼将计算、制造和材料本身视为设计不可分割的部分，利用合成生物学和数字算法探索材料的可能性。其中，木星漫游（Jupiter's Wanderer）项目的核心研究是多材料3D打印与合成生物学的交叉，尝试为宇宙航行制造能够维系生命的身体装饰物。该系列可穿戴物的设计灵感来自人类胃以及肠道的形状和功能，是消化物质、吸收营养和排出废物的器官系统（图2-4）。设计的内部为3D打印的轨道，并将液体细菌注入其中，如蓝藻、大肠杆菌等微生物。蓝藻将光转化成糖，大肠杆菌消耗糖，并产生对环境保护有用的生物燃料。这两种细菌在生物界从未有过互动，但是在奈丽·奥克斯曼的3D打印身体装饰物里，这两者产

图 2-4　设计师奈丽·奥克斯曼的材料生态项目

生了联系。注入体液细菌的透明轨道被"种植"在身体上，并最大范围接受光合作用。这样一种可自然生长、可进行光合作用、有生命液体的管道服饰，如同"外戴"器官一样产生维持生命的元素与物质，并在黑暗环境中发出美丽的荧光，构建了基于智能生物的材料系统。

（五）人工智能艺术

技术的智能化在艺术创作中的渗透力逐渐增强，智能工具被引入设计、创作中的种类也越来越多，让机器通过"学习"和"算法"自动生成视觉图像、动作、作品甚至音乐，完成人工智能和人类智能的深度融合。来自伦敦的艺术家、科学家帕特里克·特雷塞特（Patrick Tresset）使用计算机将艺术、表达与观察注入机器人行为，开发出了一系列用来创作素描绘画的机器人，并起名为保罗（Paul），让机械臂代替人进行创作。帕特里克·特雷塞特融入了自己在机械视觉、人工智能和认知计算方面的研究成果，开发人工智能绘画系统。软件部分是捕捉静物的摄影系统和具有绘画能力的运算系统，硬件部分则是机械臂。绘画开始时，摄像头会识别、捕捉人脸，记录关键数据并传输到电脑，由绘画程序处理，然后传输给机械臂进行绘画输出。2017年帕特里克·特雷塞特在伦敦展出了"Robot Classroom"创作项目，由20名"机器人学生"组成了一间"教室"展厅。参观展览的人穿梭其中，每个"机器人学生"被房间里的公众活动"干扰"，并表现出影响其行为的特征，从而导致机械臂笔下的图像发生随机变化。

从上述案例中我们能够看到，与传统艺术形式相比，数字化技术超越了"人手制造"和"人脑想象"的局限，是一种能够深刻影响创作者思维活动的技术工具，拓展了传统艺术设计的形态与呈现方式。工具变化引发了思维方式、创作方法、形态语言以及造物观念上的变化；反之，造物观念的改变影响着工具的使用和需求（图2-5）。相较于传统艺术设计，数字美学具备显著的开放性、共享性、兼容性和虚拟性等审美特征。表现出与科学技术的密切关系，从而创造出丰富多样的审美体验。

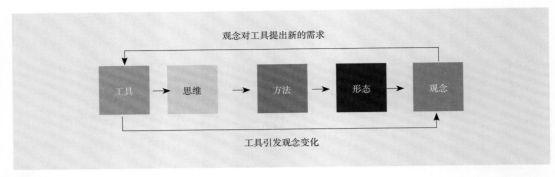

图 2-5　工具与观念相互影响

三、数字技术启发创新设计

在首饰的数字化发展进程中，随着计算机软、硬件技术的开发，人们对于首饰数字化设计的理解逐渐深刻：单纯使用软件建模并不是真正意义上的数字化设计，当计算机技术介入设计的构思、功能、结构、体验、生产等各个关键环节时，才能称为数字化技术驱动的设计创新。

在数字化技术的启发下，首饰的创新方式多种多样。技术的保障让设计理念的边界变得模糊而大胆，各类的可视化软件、辅助生产软件，为设计师提供了便捷，优化了设计效率。数字化技术还会启发设计师重新思考首饰的生成方式、

获取方式以及价值意义，在概念来源上推陈出新。借助数字化技术，首饰设计师可以突破"物"的设计，更多地从"服务""交互方式""生活方式"上发现问题。在功能诉求中，让首饰从装饰美化身体，转变为具备定位、健康检测、情感传递、信息记录、实时提醒等多样化功能，提升生活品质、塑造生活方式。接下来，将列举几种数字化技术影响创新来源的典型设计方式。

（一）首饰参数化设计

1. 概念与定义

参数本身是数学概念。人

类历史上，发生过三次参数化浪潮：第一次是度量衡的发明；第二次是用图纸进行设计；第三次是计算机软件的使用。度量衡的发明以及图纸的使用，使古代精良的建筑和工具能够以精准的尺度建造和复制。在计算机的辅助下，参数化为人们创造事物提供了不同的思路。

用参数定义设计，指的是通过参数生成设计方案，其核心思想是把设计的全要素变成参数的变量，构建造型的逻辑关系，通过改变参数和算法，获得超越人脑想象的设计方案。参数化设计最早常见于机械领域，在20世纪90年代中

后期延伸至建筑领域，随后在工业设计、服装设计、首饰设计等各领域应用逐渐增多。

2. 参数化设计原理

参数化设计，也被称为算法设计。是一种可以利用计算机技术，建立影响设计因素的关联性，从而创造复杂造型的设计方式。在平时的造型设计中，我们会使用纸、笔、橡皮、尺子等工具，先在脑中进行构想，然后按照想象进行描绘。但是，参数化设计的造型结果，却是不可预期的。因为在参数化设计过程中，直接设计的不是形状，而是通过设定参数和制定规则，由计算产生的"非预设性"形状（图2-6）。

参数化设计在于设计者能否用参数化思维看待设计问题和设计结果。当控制形态的参数要素和变量增多，复杂形态就产生了，但复杂形体的来源异常有逻辑性。需要注意的是参数化设计最大的价值不在于创造出多复杂的形态，而是在于思考"生成的过程"。

对于首饰来说，很多设计师更看重设计结果，往往忽略了设计过程。而参数化设计有机会改变设计思路，关注生成逻辑，让计算机带来不可预见的多样结果。参数化设计包含两方面的内容：一是设计手段参数化，二是设计理念参数化。前者偏向通过计算机工具完成设计实现，而后者侧重在

设计过程中，把相关因素数据化，各因素之间的关系就是参数关系。所以参数化设计的本质，是人机协同的结果，人来设定参数，计算机通过算法执行参数，来获得最终的造型结果。市面上较为常见的参数化软件有很多种，其中基于Rhino的Grasshopper插件相对直观，在可视化软件章节中，会着重介绍Grasshopper的使用特点。

3. 参数化的典型应用

参数化能够在各领域备受推崇，归功于积极推行参数化设计的先驱，扎哈·哈迪德（Zaha Hadid）就是其中之一。扎哈是世界著名伊拉克裔英国建筑师，她是第一位获得普利

图 2-6 由参数控制曲线的生成和变化

兹克建筑奖的女性。作为参数化建筑设计的代表人物，她在建筑项目中大量使用参数化设计，如知名的中国建筑项目广州大剧院、南京青奥中心等，借助计算机完成复杂建筑的设计规划，动态且有序。除建筑领域外，扎哈的跨界延伸广泛，如室内设计、家居设计、生活用品以及鞋和首饰等。扎哈与瑞士珠宝品牌Caspita合作设计了一系列黄金戒指，设计灵感来自自然细胞结构，使用分形算法，在手指上形成精致的双层随机网格装饰。丹麦珠宝品牌Georg Jenson也邀请扎哈设计了流动几何的八款首饰套件，2016年该品牌在巴塞尔珠宝展中的展厅设计也出自扎哈之手。首饰造型与展厅外观巧妙融合，有机流动的形态充满视觉迷幻感，表达了一种结构逻辑以及内在的完整性。此展厅与该首饰系列同时推出，设计师以不同于建筑的规模和尺度来表现首饰，并把其对建筑的理解转化为首饰这个"新鲜事物"。2018年扎哈根据建筑物形状设计了一款帽子，名为ZHA's Hat，用于开幕活

动。这顶帽子的形状流动、蜿蜒，与建筑物异曲同工，并使用尼龙3D打印成型（图2-7）。

除了扎哈以外，迈克尔·汉斯迈尔（Michael Hansmeyer）作为建筑师以及程序设计师，也擅长参数化设计，从大自然中汲取灵感，借鉴自然形态的生成方法，利用计算机创造复杂的建筑结构和造型。复杂性不再是阻碍人们探索造型的屏障，计算机的运算速度支持大规模复杂的造型计算。迈克尔·汉斯迈尔认为借助计算机生成造型时，设计师不需要设计物品，而是设计一种方法来创造物品。迈克尔·汉斯迈尔在TED的演讲中分享了他生成造型的方式："如果你有一张纸，就可以通过不停地折叠

获得很多的面。如果用这种方法折叠一个立体的正方形，不是用手工折叠，而是用计算机折叠，用代码和算法形成各种折叠的指令，当反复折叠了16次以后，就获得了40万个面，以及一个极其复杂的形状。如果我们改变对折的方式或者对折的比率、对折的位置，就又会获得另外一个全新的复杂造型。这些对折是发生在电脑中，所以完全不受物理的限制。"从迈克尔·汉斯迈尔的讲述中，我们可以看到，他并没有设计造型，而是设计了造型产生的过程。在迈克尔·汉斯迈尔的复杂作品里并不只有一种对折比率，而是同时存在很多种，这些造型看起来外观极其精美且充满细节，但生成

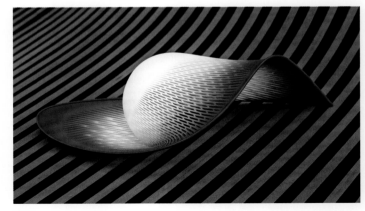

图 2-7 扎哈建筑工作室设计的 ZHA's Hat

方式却很简单。

他与本杰明·狄伦布格（Benjamin Dillenburger）合作的作品Digital Grotesque I 和 Digital Grotesque II专注于通过计算机程序控制几何形体，内部隐藏着百万个几何形状。计算机精准的排列，模型的曲面数量分别达到2.6亿和13.5亿，这种造型算法突破了人们对于复杂造型和空间的想象。计算机程序将一个面不断地切分、对折，每次都改变形体分化与合并的比例，得到不同的外观。以往参数化设计较多使用非连续性的流动造型，而迈克尔·汉斯迈尔更喜欢对折的手法，呈现出截然不同的造型气质，该系列作品最终用沙质材料打印成巨型的山洞（图2-8）。

4. 参数化设计的创新方式

（1）设计要素参数化。在参数化设计的过程中，形状同参数建立关系，参数同设计理念建立关系。设计理念借由参数控制转化为具体的形态，这就是形态的生成逻辑。改变控制造型的参数，于是造型发生改变。参数化设计的核心是构建形态的逻辑关系，所以在参数化的设计过程中，设计师操纵的不再是形体，而是参数的变量。

诸多的设计要素需要数据化，比如，设计要求数据化、设计理念数据化、参数变量数据化、结果评估数据化等。其中设计要求数据化，不仅是用数值呼应外观变化，还涉及理念的抽象要求，量化为可计算和记录的数据，这些被数据化的设计要素是参数化设计过程中的创新要点。设计师需要思考如何规划设计行为，通过设计理念以及参数变量，使设计结果符合设计要求。于是，形态在数据的调整下生成变化，并通过算法的控制生成最终的结果。

（2）注重关联性与过程性。参数化设计追求的是设计的过程性。在参数化设计过程中，设计师关注的是设计生成

图 2-8 迈克尔·汉斯迈尔设计的3D打印洞穴

的逻辑，也就是设计过程。控制形态的参数改变了，计算机会自动生成新的结果，所以造型是动态组织过程的产物。设计师通过节点参数的控制，获得无数出乎意料的过程模型，支持多种造型结果的同时获得。特点为快速、高效、多结果，各个元素和组件之间存在联动关系，这种关联性就由设计师依据概念生成的参数所控制。当参数发生变化时，算法会影响各造型部件同时发生变化。

（3）算法分形。参数化设计中，算法技术是重要组成部分。想要通过参数控制形态，要依靠算法实施"干涉"与"改变"。而这项工作是由计算机通过运算完成的。实现参数的控制效果，往往通过两种方式：一种是直接编写代码和算法，这种方式需要编程人员的辅助。另一种是通过已有的可视化建模软件，如Grasshopper等，不需要操作者具备编程能力，而是通过现成的代码和算法，即集成运算器指令来完成。这种做法弱化了编写代码的能力需求，设计师只需要调整代码之间的逻辑关系，像搭积木一样，根据意图将设计过程拼接起来，便可以达到参数化设计的目的。

（4）常用设计流程。相对于常规的设计方法，参数化设计是一种更偏向理性的思维方式，设计过程中的逻辑性非常重要。由于，参数化本质上是一种技术驱动并衍生的创新思维方式，通过参数与算法关联、调控造型的逻辑变化，再通过参数化建模生成最终设计。最后，利用快速成型技术加以制造、实现。大致会经历如下的设计流程：首先，明确设计要求，并将设计要求和理念参数化；其次，确定基础形态，将参数与形态之间建立变量关系；然后，选择合适的参数化软件，通过算法实施分形；最后，获得复杂造型的结果并通过数字化快速成型技术进行实体化。

5. 典型设计案例

设计名称：榴莲

设计师：李丹青

在该设计系列中，设计师采用了参数化生成首饰的方式，从榴莲表皮的生长规律和造型特征中提取参数依据，然后适配、迁移到新的形体中，模拟再现榴莲表皮的造型特点，并使用3D打印技术完成实物制作。

榴莲的表皮遵从自然的生长规律，果皮厚实且布满三角形刺，表皮的三角刺会随榴莲形体的长成同步增大，并包裹、布满整个榴莲。三角刺随着所依附的表面形成凸起和凹陷，榴莲形体变高时，三角刺变得膨胀、疏松；榴莲形体变低时，三角刺变得低矮、密集。设计师给榴莲表皮的三角刺以参数化的描述：底部形态通过Grasshopper软件中的泰森多边形指令切分成多边形的集合，这些被切分的多边形就是三角刺的底边（图2-9）。然后给三角刺一个高度值，让三角刺的高度值同其所依附形态的起伏建立参数变化关系，即形态凸起时三角刺的高度变高，形态变大；形态凹陷的时候三角刺高度变低，形态变小。通过参数控制，模拟再现了榴莲表皮自然的生长特点，同时，通过不同参数变化来控制整体形态的炸裂程度，获得截然不同的视觉效果（图2-10）。

最后使用3D打印技术，将电脑建模形态实物化（图2-11）。增加底部的佩戴结构，焊接金属件后成为胸针，装饰在佩戴者身上（图2-12）。该系列设计通过参数描述了榴莲表皮的造型状态，并将这种规律用于生成新的造型，通过关键参数的控制，得到多种造型结果。使整体的设计既具有自然物的随机性，同时也具有秩序性和规律感（图2-13）。

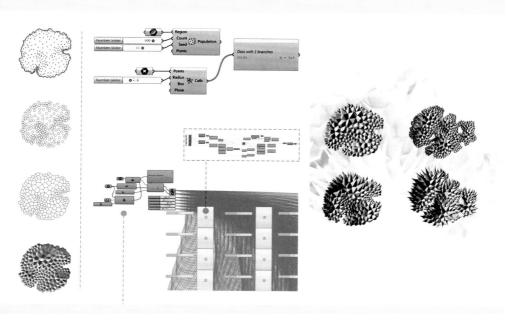

图 2-9　Grasshopper 软件生成表皮的参数化造型　设计师：李丹青

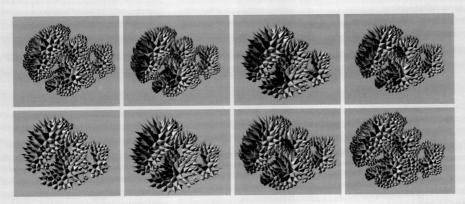

图 2-10　Grasshopper 软件参数化设计变形过程　设计师：李丹青

图 2-11　3D 打印及制作过程　设计师：李丹青

图 2-12　实物呈现造型衍生与变化　　　图 2-13　模特佩戴实物效果　设计师：李丹青
　　　　　设计师：李丹青

（二）智能首饰设计

1. 概念与定义

智能首饰是可穿戴设备的细分，跟常规首饰相比，智能首饰兼具时尚的外观、可佩戴性以及以数字化技术为基础的实用功能。智能首饰作为新兴的品类，受到了开发者以及消费者的广泛关注，被认为是传统首饰产业转型升级的契机和亮点。随着互联网技术、电子通信技术的不断进步，2012年谷歌公司推出了Google Glass智能眼镜，从此引起了公众对于智能可穿戴设备的关注。2014年，在美国举行的国际消费性电子展览会上，再一次将可穿戴计算技术推向高峰，各应用领域的可穿戴产品层出不穷，为公众带来了人机协同的新型关系。智能首饰作为一种戴在身上的装饰物，是以"装饰身体"为基础的电子设备，进入了开发者的视野，并被赋予了各种多样化的功能，为使用者提供价值。全球权威的IT研究与顾问咨询公司Gartner在研究报告中指出：未来几年智能可穿戴设备发展前景广阔，预计到2020年全球智能可穿戴设备销量可达2.67亿台；2015~2020年复合增长率达18.2%，销售收入可达327.7亿美元。

2. 功能分类与通信原理

智能首饰大多利用近场通信技术、蓝牙技术、传感器技术等，使首饰具有存储信息和传输信息的功能。通过手机连接硬件设备，使设备与人体之间发生信息交换，从而产生人机交互、人人交互。在可穿戴计算技术的介入下，首饰具有了超越自身固有属性的功能，如同身体上佩戴着一个便携式的迷你"电脑"，作为信息采集器，收集跟用户相关的生活信息、行为信息、健康信息以及环境信息等。常见的功能有健康监测、消息通知、运动监控、事件提醒、拍照、GPS定位等。根据已有智能首饰的佩戴方式、服务类别以及功能特点，可分为健康监测与管理、集成信息提醒、外部环境感知、导航定位跟踪等几大类别。按照身体的装饰位置分为智能戒指、智能手镯、智能头饰、智能吊坠等，一般常见的智能手环和智能眼镜并没有被列为智能首饰的范畴，而是属于另外的可穿戴细分。

（1）NFC近场通信技术。通过设备彼此靠近产生数据的相互传输与交换，是一种近距离非接触式的无线通信技术。生活中的电子支付、门禁卡以及公交卡都是采用这种通信方式。识别距离大约在10cm以内，以主动模式或被动模式将数据从一个设备发送到另一个设备上，传输速度迅速，能耗低（图2-14、图2-15）。

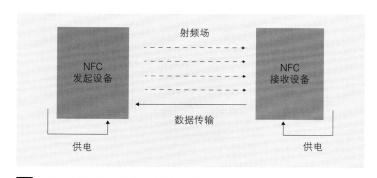

图 2-14　NFC 被动模式下的数据交换原理

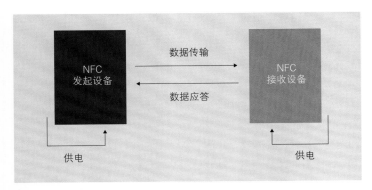

图 2-15　NFC主动模式下的数据交换原理

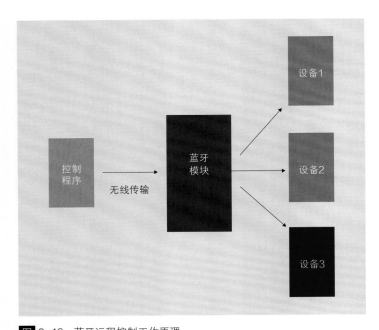

图 2-16　蓝牙远程控制工作原理

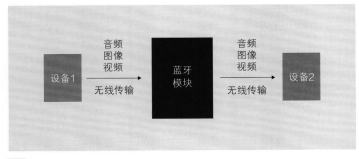

　图 2-17　蓝牙数据传输工作原理

将NFC芯片置入到首饰内部，透过不影响射频的非干扰材质，可以近距离地与另外一个接收端产生信息和指令的交互。由于两个设备之间的距离较近，所以抗干扰能力较强，以完成接触通过（Touch and Go）、接触支付（Touch and Pay）、接触连接（Touch and Connect）和接触浏览（Touch and Explore）。

（2）蓝牙通信技术。跟NFC近场通信技术相比，蓝牙的传输范围更为广泛，适合较长距离通信，且不必借助电缆联通设备和网络。在我们的生活中，蓝牙通信技术应用广泛，如蓝牙耳机、打印机、电视、医疗设备等。我们可以把蓝牙理解为一种通用传输标准，将独立的设备和内容相互联通，以解决设备之间不兼容联通的问题。蓝牙较多是以"模块"的状态嵌入设备，蓝牙模块是集成蓝牙功能的电路集合板，分为数据传输和远程控制等（图2-16），可以无线接收音频、图像、视频等信息文件，成了现代通信设备中的标配技术（图2-17）。

（3）传感器技术。传感器技术是一种能够感知环境或特殊物品、行为，并转换为数字信号与设备进行信息传输的技术。传感器技术与通信技术一起，被看作信息技术的支柱，并在检测、自动化、军事、医疗等各领域应用广泛。传感器的种类较多，使用的原理也多种多样，需要根据需求开发研制。传感器技术的基本原理为接收、识别感知的信息，通过对比和分析，进行辨识与分类指令的判断处理，从而达到人与设备的交互（图2-18）。对于智能首饰而言，较多的数字化功能依靠传感器技术实现，如运动信息、健康信息、动作行为信息的反馈采集等。

3. 数字化功能的创新方式

可穿戴设备蓬勃发展的同时，智能首饰也面临着挑战。2018年1月，曾获510万美元A轮融资的纽约智能首饰品牌Ringly在官网上发布消息，宣布暂停生产。Ringly在创立初期，因其产品外观具有较强的时尚性以及专注信息提醒功能被广泛关注。Ringly的失败引发了从业者的反思：从技术角度看，智能首饰产品的电子元件集成性、续航能力还没达到理想要求，技术实现和外观设计存在冲突，技术发展的局限性造成了供应链的空白与乏力，从而制约着智能首饰的发展；从市场角度看，大多数智能首饰雷同，与智能手机功能重复，这将导致智能首饰的"独特性"和"唯一性"丧失；从用户角度看，跟普通首饰相比，智能首饰的用户仍然是少数，产品接受度不高，少数智能首饰产品除了满足用户的猎奇心态外，较难建立依赖性和使用习惯；面对女性群体，智能首饰的可用性和易用性有待进一步提高。虽然技术是制约智能首饰发展的关键因素，但是在现有的条件下，仍然需要设计师通过"创新"积极地寻求变化与突破，在人与智能首饰之间探求发展新思路与新关系

智能首饰作为带有数字化功能的产品，创新方式跟普通首饰不同，主要集中在数字功能的定义和重塑上。智能首饰的产品创新是一个以"事件"为整体考量的系统设计过程，不是单一物或单一环节的创新。它需要贯穿用户需求、产品构思、设计、开发、营销的全过程，是功能创新、形式创新、服务创新、多维度交织的组合创新，目标是在横向的纬度中寻求"差异"，在纵向的纬度中寻求突破。

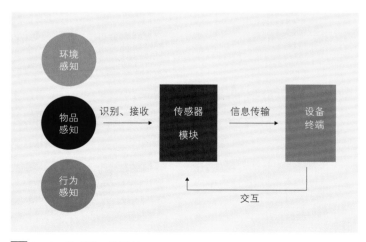

图 2-18　传感器工作原理

（1）智能首饰的创新基础。智能首饰的设计需要建立在首饰特殊属性的基础上。首饰起源于人类通过身体装饰行为与自然的对话，后来随着社会阶级的形成，成为显示社会等级和个人财富的"标签"。今天，生产型社会转变为消费型社会，首饰成了时尚消费品，帮助消费者由"内在"向"外在"呈现品位与风格。不同人群对于首饰的诉求、佩戴习惯以及消费方式截然不同，于是产生了多样化的功能需求，适应不同人群的生活方式和兴趣偏好。此外，首饰强调造型美感，在装扮、美化外在形象的基础上，具有社交、收藏保值、事件纪念、寄托情感、时尚标签、辅助穿搭、财富象征等使用诉求。所以智能首饰要努力调和外观与功能实现的冲突，注重佩戴舒适性，保持体量小巧，只有集成度极高的硬件才符合智能首饰的使用要求。

（2）场景思维与功能创新。场景原本是一个影视用语，指在特定时间、空间内发生的行为。当场景一词被应用到设计领域时，常常表现为与人的行为相关的应用形态，具备时间、地点、人物、事件、连接方式这五个要素。评估带有功能性的首饰产品，需要将首饰放在特定的使用环境下，为用户产生功能用途，具有时效性和满意度。

人在使用带有功能性的首饰时，喜欢的可能并不是首饰本身，而是首饰所处的场景，以及在场景中产生的情感或体验。所以，智能首饰的创新，需要在场景的纬度中，让首饰与使用者产生新的连接。首饰不再仅作为物品存在，而是触发场景的媒介，变成了增强体验的机会点。新的体验伴随着新场景的创造，而新的需求伴随着对新场景的洞察。

（3）智能首饰的设计流程。基于场景思维的数字化功能创新，需要经历同理心、设计洞察、功能定义、方案形成、样品测试、使用反馈、版本迭代等一系列流程与环节，开发出可用性较高的首饰产品。在同理心环节，设计师要将自己置入到真实的场景中，了解用户、了解环境，收集场景中的真实需求，观察首饰可以在哪些环节介入并发挥作用，以及现有首饰产品为什么没有解决问题等。然后通过海量调研、逻辑分析、头脑风暴形成对创新机会的洞察，明确设计的目标。洞察阶段也常被认为是创意产出的阶段，明确创新的目标后，需要清晰定义功能的使用诉求、方案标准以及提供方式，常用的句式有：面向谁？通过什么方式？解决什么问题？满足什么需求？当设计师回答出上述问题后，就可以开始形成以目标为前提的解决方案，通过详细的制图和工作路径阐释具体的设计想法。数字化功能的实现往往基于软件和硬件的同步设计，并需要经过大量的测试和反馈，不断修正，最终达到可用、易用的效果并投放生产。但是，进入到销售环节不代表设计进程的结束，还会通过版本迭代的方式，持续收集受众的使用意见、改善产品、进化功能。

4. 智能首饰的典型应用

（1）智能纪念珍珠首饰。2015年3月，美国珠宝公司Galatea发布了一款名为

Momento Pearl 的智能珍珠首饰，从情感视角出发，使用可穿戴计算技术帮助使用者表达内心感受。Momento Pearl 被设计成面向各种场景传达情感的"礼物"，用于珍藏和纪念。开发者将 NFC 芯片置入到"珠核"中，再放入母贝体内，母贝分泌珍珠质包裹在珠核表面形成"芯片珍珠"。使用者可以利用 NFC 近场通信技术将手机中的语音、图片或视频内容存储到天然珍珠中，在赠送礼物时，利用首饰发出声音或浏览图片、视频。求婚时，男士将"嫁给我"通过手机录制到珍珠内部的芯片里。女士在收到礼物时，用首饰轻轻触碰手机，触发 APP 开启，听到爱人的表白，并将这句话佩戴在身上作为纪念。用户还可以存储家人的照片以及孩子美妙的笑声。在这个案例中，Momento Pearl 注重人与首饰新的连接方式，在场景中用户的需求得以满足，从而带来印象深刻的使用体验。可穿戴计算技术强化了情感的传达，在情感交互的场景中起到了关键作用。此外，这款产品中的 NFC 芯片永

远不需要充电，且具有防水功能，使首饰能够长期佩戴。

（2）智能脑电波头饰。2011 年，日本 Neurowear 公司开发了一款名为 Necomimi 的猫耳朵头饰。通过捕捉脑电波数据的方式，探测人脑微小的变化，感知佩戴者的专注度，让猫耳朵做出相应的动作：佩戴者专心的时候耳朵升起，放松时垂下，正常状态下积极地转动。Necomimi 的开发者这样形容自己开发的产品："Necomimi 是一种增强人体和能力的新型通信工具。我们用脑电波传感器创造了新的人体器官。人们认为人类的身体有局限性，但想象一下，如果我们有不存在的器官，并能控制新的身体将会怎样？现在 Necomimi 就可以成为你身体的一部分。"Necomimi 巧妙地利用了猫耳朵的造型产生亲切感，从而为消费者带来了有趣的互动，丰富了人与人之间的交流方式。这款仿生猫耳头饰已经在全球范围内被多家知名网站报道，获得超过 70000 件订单，且仅售 50 美元。此外，Neurowear 公司还开发了名为

Shippo 的动物尾巴配饰，同样十分受欢迎，除了情绪感应外增加了定位与社交分享功能。

（3）智能电子手镯。匈牙利的 Liber 8 Technology 公司在 2015 年推出了一款智能电子手镯 Tago Arc。它的设计原理是将软性的电子纸显示器，通过金属结构固定，弯曲成手镯。通过手机中的 NFC 近场通信技术连接，手机控制黑白电子墨水显示器，用户可以任意更新手镯表面的图像。Tago Arc 是一款能够适应不同搭配需求的首饰，佩戴者可以通过拍照，选取跟衣服一样的图案，在手镯中显示，当然也包括人像照片。Tago Arc 还为用户构建了另一个使用场景，通过 APP 上传自主设计的图案，并把图案佩戴在身上。这款智能首饰同样不需要充电，当手镯利用手机的 NFC 读取器传送影像时，也同时进行了 RF 能量采集为其供电。

5. 智能首饰的发展趋势

（1）小型化。今天智能首饰存在的一些问题，如体积大、性能差、设计不够多样，会随着处理器、移动互联网、

传感器、电池技术以及新兴材料的发展得以改善。智能首饰大多以功能实现为前提，外观向硬件性能妥协，所以体积是一个较为关键的影响因素。相较于其他产品，首饰又被称为"微型雕塑"，体积小、强调外观与工艺的精细度，这是由身体装饰部位的限制所决定的。未来硬件的小型化发展，会让智能首饰与正常首饰没有任何差异。开发者有更多的自由度设计漂亮的首饰，外观不再服从于功能，功能可以适应任何形式，佩戴的舒适度也会大大增强，这就为智能首饰真正的时尚化提供了良好的基础条件。

（2）功能聚焦。智能首饰产品的开发，往往从精准的产品定位开始，在强化自身特色的基础上，才有可能建立功能壁垒，增强用户对某些特定功能的依赖。目前智能首饰功能种类众多，与智能手机功能高度重叠，较少具备独立的使用价值。未来智能首饰需要减少对手机驱动的依赖，强调功能的精准、有效与实用。场景细分、功能聚焦、专有系统开

发等，都会对未来智能首饰产品的独立性和独特性起到积极作用。

（3）普及性。智能首饰产品的市场占有率仍是少数，各类产品虽然层出不穷，但都没有取得很好的市场表现。不可否认，在早期发展阶段，智能首饰很难占领大众市场，但在早期的市场教育方面却非常成功。在广泛的关注下，智能首饰依然保持高度活跃，制约因素也随着技术的发展、消费习惯的培养，以及与常规首饰的边界越来越模糊。万物互联的未来越来越近，智能首饰终将逐步普及，进入大众生活。

（4）服务衍生。除了外观与功能外，智能首饰还需要在衍生服务方面做出努力。当智能首饰和常规首饰的差别越来越模糊，除了数据采集外，还将创造更多的服务价值。智能首饰因长时间佩戴与身体产生的信息交互，可以串联产品、数据和服务的关系，形成具有想象力的价值闭环。于是，硬件产品与服务应用相互促进，实现螺旋式的协同发展。

目前，正处在摸索期的智能首饰还只是刚刚起步，仍具有很大的成长空间。但未来离我们很近，智能首饰的更迭也越来越紧迫，希望设计师可以在数字化功能创新领域开展更加深刻的想象与实践。

6. 典型设计案例

设计名称：激光指示戒指

设计师：刘嘉闻、闫铭晓、窦天乙、王瑀、李珈萱、程墨

　　该设计将目标锁定在演讲环境中有指示需求的人群，让戒指与激光指示功能结合，通过拇指按压按钮，控制激光的打开与关闭。为了操作的易用性，设计师针对人群的手部按压习惯、激光指示部件的安装原理、电池续航时间以及现场测试，完成相关设计方案。激光戒指内含的组件有按钮开关、可更换的纽扣电池、电池槽、指示激光头和连接电路（图2-19）。

设计名称：集成读卡首饰

设计师：秦明卿、叶心尧、朱美漶、王辛煜、张馨予、张可昕

　　该系列是针对女性用户开发的集成读卡首饰。设计聚焦25~35岁女性在生活场景中的常见问题，如女性在杂乱的背包内无法快速找到公交卡、门禁钥匙、考勤卡等物品，于是通过定制服务为目标人群制作集成公交卡、门禁卡、停车卡等功能于一体的手链。通过线圈移植、磁卡拷贝等方式将各类卡片的功能，复制、集成在手链上，每一个手链单元内部都包含有相应磁卡功能的核心部件，并使用不同颜色的宝石进行分类、标注以便使用（图2-20）。

图 2-19　激光指示器戒指

图 2-20　集成读卡首饰

（三）首饰大规模定制设计

1. 概念与定义

　　随着人们物质生活水平的丰富，消费者不再满足标准品或同质化爆款，定制服务和个性化设计备受推崇。定制较多采用一对一的方式，服务时间长、服务质量好，是最能满足个性化的一种服务形式，但往往需要较高的服务成本。为了提升工作效率、降低服务成本，大规模定制作为新型的生产方式和服务方式应运而生。

　　大规模定制设计是根据用户的个性化需求，以批量生产为前提，产品标准化、模块化，降低生产的多样性，提供有限的个性化服务。大规模定制的个性化来自用户的参与体验，消费者决定产品模块的组合方式。设计过程中有三个关键角色：设计师、用户和生产者。设计师负责构建产品模块、组合标准和参与流程，然后加入用户的个人意志形成多样性的组合结果，而生产者面对多样的产品模块，通过高效的柔性系统进行模块的批量生产。数字化平台的云计算、互

联网和企业信息化技术，可以成为大规模定制服务的技术基础，借助数字化集成平台让个性化定制流程更加合理、有效。利用"互联网平台"或"智能工厂"，将用户需求直接转化为生产排单，开展以用户为中心的按需生产，解决库存问题，实现产销动态平衡。

2. 大规模定制设计原理

大规模定制设计中，设计师的任务不再局限于首饰的外观、材质、工艺等传统环节，而是拆解模块、构建交互组合、设定工作流程以及整合、调度多方资源。

将首饰划分成独立的组成部分，这些独立的部分就是模块。首饰的模块化拆解，可以缩短产品开发和生产周期，快速响应市场，降低了定制产品的成本。模块之间的有序且随机的组合，以有限的条件释放给消费者，体现个性化创造的机会。划分模块的方式需遵从一定的规律和角度：如功能划分、外观划分、结构划分等，模块之间相互组合，生成可变化的结果。比如将一枚钻戒分为戒圈款式、戒托形

状、宝石种类、戒号大小等模块，每一模块提供了不同细分的选择空间。消费者从各个模块中挑选喜爱的组合关系，生成设计结果。此类模块的划分方式还较多应用在服装、家用电器、鞋品等的模块化定制类目，比如耐克推出的个性化球鞋定制网站。在网站的页面上点击"专属定制"，提供针对男人、女人、儿童、婴儿等不同受众的定制鞋型，然后选择鞋款系列，根据鞋子的各个部位进行个性化编辑：如选择鞋体部分的颜色、鞋舌和标签的颜色、鞋体 logo 的颜色、鞋带的颜色、鞋跟标签的颜色、中底颜色和处理工艺、外底文字等。网站采用在线实时的视觉交互，快速浏览各个部件变更后的组合效果，便于消费者形成满意的购买决策。耐克提供的网站定制服务，实现了产品个性化销售的同时，让参与设计和购买的消费者充满了愉悦感，增强了线上购物的美好体验以及对品牌的忠诚度。

除了模块本身外，模块组合的交互方式也具有挖掘空间。除了像丹麦国际首饰品牌

潘多拉，使用手动组装组合模块外。耐克鞋定制网站的即时浏览，或者借助在线软件进行造型探索，都是不错的尝试。

从整合资源的角度，设计师可以大胆想象面向未来的定制业务模型。在数字化集成平台上，消费者可以根据自己的喜好，选择不同的需求模块，这些需求模块是由不同的制造商集群和宝石供应商集群、物流供应商集群响应，并且由系统自动优化匹配，完成消费者的设计要求，做到环节可追溯、原料可追溯，结合数字化平台提供的回收服务，形成可持续的生态闭环。

3. 大规模定制的典型应用

（1）设计自己的小黑裙。玛丽·黄（Mary Huang）和詹娜·菲德尔（Jenna Fizel）两个人拥有互动设计和建筑设计背景，并开发了一款名为 D.dress 的应用程序，将一款简单易用的服装设计软件嵌入网站。利用网络的开放性，每个登录的用户可以通过在线软件自己设计小黑裙。设计师将衣服分解为三角形模块，软件提供各种人体基础模型，用户只要在人

体模特上移动鼠标，软件自动将移动过的区域转换为黑色三角的形状组合，从而支持使用者自由发挥服装设计的想象力。

（2）定制珠宝设计。Trove是一家2014年成立的珠宝在线设计与定制平台，总部位于美国纽约。Trove通过数字化技术让消费者不用具备任何设计技能，就能在智能手机或者平板电脑上设计出漂亮的首饰产品，并鼓励消费者分享设计成果与灵感。在Trove的定制平台中，会提供款式的基础模型，消费者可以针对长短、厚薄以及位置偏移、材质进行

调整改变，生成最终造型。当然，价格会随着造型的变化而不断发生变更。这一切的控制都即时呈现，同步展示给消费者，使他们对最终的定制效果提前预览，确保实物符合他们的预期。Trove认为在珠宝定制的过程中，视觉的及时反馈非常重要，Trove提供的手动360度旋转展示技术以及真实材质的即时三维渲染，有效地促进了销售的达成。当消费者设计好款式后，平台会根据造型完成实物制作，并提供美国地区的邮寄服务。

（3）在线钻戒定制平台。

Zales是一家美国老牌的珠宝品牌，除了主营的珠宝业务以外，还开设了以钻戒定制为主的在线平台，提供订婚戒指、结婚周年纪念戒指、男士戒指、礼品戒指等个性化定制服务。Zales的定制设计周期为2周左右，跟Trove一样，该平台在网站上提供了在线设计工具，可以轻松创建自己喜欢的款式。从款式库里挑选基础形态，选择宝石的形状与大小、戒托的镶嵌方式并赋予戒指不同的材质颜色，还可以更改戒指壁的花纹和形状，同时提供宝石材料可追溯服务。

四、数字化造型与外观探索

在首饰中，造型与外观的探索是发展和创想阶段重要的设计过程。设计师常用的探索手段，有拼贴、草模型、制作样品等。今天，越来越多设计师会借助计算机软件技术，完成发散阶段的造型与外观探索。

1963年，伊凡·萨瑟兰首次提出"计算机图形学"的概念，计算机图形学作为一个独立学科，主要的应用领域有计算机辅助设计与制造、计算机辅助教学、计算机动画、科学计算可视化、虚拟现实等。计

算机图形学的核心目标在于创建有效的视觉交流，在二维或三维的数字软件中完成设计的绘制、评估与展示。我们可以利用虚拟方式完成造型探索任务，打开思维的同时提高设计效率。当前首饰建模的软件

种类繁多，基于二维的常用软件有Photoshop、Illustrator等，基于三维的常用软件有JewelCAD、Rhino、Zbrush等。计算机软件绘制准确，修改、存储方便，通过即时组合与实时渲染，设计师可以快速评估造型效果。如造型调整，缩放编辑，在形态、色彩、肌理、比例、尺度等方面做出适时变动，带给设计者更多的造型灵感。借由数字化技术，设计者实现了真正的即时发散，速度和效率得以提升。

（一）单元造型发散训练

单元造型发散是一种造型探索的训练方法，借鉴类似立体构成的训练内容，利用软件的快速建模能力，快速实现、精准对位、无限复制。命题者可以指定任意立体形态作为"基本单元"，训练时长、复制方式、复制数量可以根据偏好或训练目的进行设置。具体执行时，训练者在软件中快速建造基本单元，利用软件的复制、旋转、对称、放缩、移动等基础工具，在限定时间内组

合、摆放，并提供尽量多的样式。二维软件或三维软件均可，三维软件更有利于造型的360°立体观察。训练者不必考虑形态是否能够被加工制作，过多的评价会阻碍头脑思维的延伸，无法在短时间内收获更多的惊喜。命题者应该引导参与训练的人关注造型美感，即平衡与对比的协调，然后在大量的组合成果中进行评价与挑选，如新颖度、视觉效果以及是否可以继续延伸和变化。

（二）二维到三维转化

在创想阶段，二维手绘草图能更快记录设计者对形态的想法（图2-21），既节省时间又高效。继续深化时，会通过手做模型或电脑建模，完成由二维阶段向三维阶段的造型转化。此时，不仅需要考虑单一面的形态关系，在空间穿插、形体厚薄以及扭动错位上也要积极尝试（图2-22）。电脑建模无疑比手做模型的验证速度更快，可以360°观察，易于存储的同时，结合3D打印快

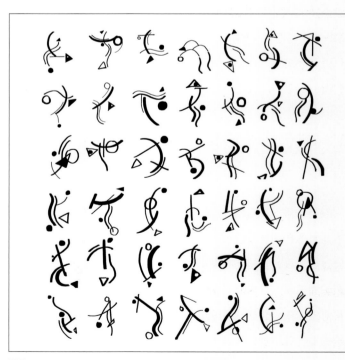

图 2-21 设计发展阶段的二维造型草图探索

图 2-22 设计发展阶段的三维电脑模型探索

速成型技术，完成真实性验证（图 2-23）。更重要的是，可以通过数据控制更为轻松地反复调适、不断修改。

（三）基于 CMF 的外观探索

CMF 是英文 Color、Material 和 Finish 的缩写，在工业设计领域常常针对形态的颜色、材料和表面处理进行外观效果的综合设计。在形态不发生改变的前提下，CMF 帮助设计师探索视觉上的可能性，科学地作

出设计决策。所以，CMF 是完善设计的重要步骤。

首饰的常用材料多以金属、宝石为主，使用工艺较为集中。但随着首饰多样化的发展，综合性材质、多元化工艺逐步增多。在设计理念的驱动

下，将 CMF 设计方法引入首饰，借助计算机图像技术的视觉输出，探索更为多样的设计结果。

1. 色彩

色彩可以带来不同的视觉状态与心理反应，在 CMF 中，色彩设计扮演着重要的角色。首饰的常用材质有金属、宝石、木质、树脂、皮革、陶瓷以及复合性材料等，不同材质有多种彩色状态。借助计算机图像技术的虚拟呈现，快速组合、替换，用于设计沟通与效果反馈（图 2-24）。CMF 中较多采用 HSB 色彩模式，也是通用设计软件常用的色彩模式，其中 H 代表色相，S 代表饱和度，B 代表亮度，可以通过数值与参数调节控制色彩表现（图 2-25）。

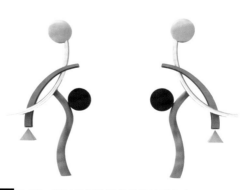

图 2-23 设计发展阶段的最终造型定稿

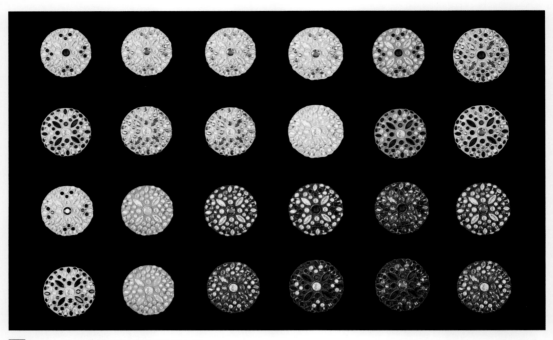

图 2-24　利用计算机软件探索造型色彩

图 2-25　利用计算机软件添加色彩

2. 材料

　　不同材料的组合搭配，强调视觉平衡与强弱对比。材料在CMF体系中承担功能实现的使命，不仅停留在视觉优化层面，还同加工工艺联系紧密。首饰的常用材质屈指可数，以贵金属和各类宝玉石为主。由于近些年首饰材料的使用越加大胆和多元，常从其他领域引入新型材料进行应用，协助完成概念表达，例如：水泥、纤维、玻璃、各类树脂、日常物等。传统方式的材料替换，需要手工重置或在头脑中加以想象，而借由计算机图像技术，可以快速替换，统一比对，从而甄选出最佳实施方案（图2-26）。

3. 表面处理

　　不同的工艺实施，会产生不同的表面效果，更是色彩和材质的前提保证。材料是设计实物化的载体，工艺是设计实物化的途径，光泽、磨砂、锤痕、拉丝、透明度等细节的工艺处理以及触摸体验，会对最终实物效果产生重要影响（图2-27）。CMF中的表面处理，一来用于推敲工艺效果的视觉美感，完成效

图 2-26 利用计算机软件虚拟材质

图 2-27 利用计算机软件虚拟表面肌理

果确认；二来用于验证、确认工艺是否具备可实现性。计算机通过三维软件快速渲染输出仿真表面效果，帮助设计师做出有效判断，同时有助于设计师与生产者沟通，精准地确立工艺标准和实施方案。

　　CMF的探索始于获得三维模型数据之后，借助渲染工具完成虚拟评估。CMF的真正价值，体现在视觉效果的情感投射和心理暗示，以及综合的心理感受中。耐克的全球创意总监马修·A.罗德（Matthew A .Rhoades）在采访中表示："在耐克1300名设计团队中，大约有1100名设计师从事CMF工作，这就是耐克对CMF的重视以及产品成功

的关键。设计师通过对CMF的探索，使产品获得最佳的视觉体验和使用体验，从而创造更高的品牌价值。"CMF中的色彩，可以帮助设计师讲述产品的故事，强化设计理念。如黑色给人感觉男性、阳刚和严肃；红色能较好地体现传统属性；高饱和度的彩色则带给人活泼、开放、年轻和新鲜的心理暗示。材料的使用不仅为了视觉美感，还兼具功能性，如可持续材料、耐氧化材料、温变材料、耐热导电材料等。无论设计师如何探索CMF，选择决策建立在理念传达、符合设计诉求和设计目标之上，才能称为成功的CMF探索。

思考题

1. 数字化技术在首饰设计过程中发挥了怎样的作用？为设计师提供了哪些帮助？

2. 除装饰身体外，如果赋予首饰一项功能，可以是怎样的功能？功能的洞察和依据从何而来？

3. 你会佩戴智能首饰吗？市面上已有的智能首饰产品存在着哪些问题？

4. 什么是数字美学？数字美学最鲜明的特征是什么？

5. 如果让消费者参与到设计过程中，你会如何组织设计流程，制定哪些规则？在这个过程中数字化技术能为你提供怎样的帮助？

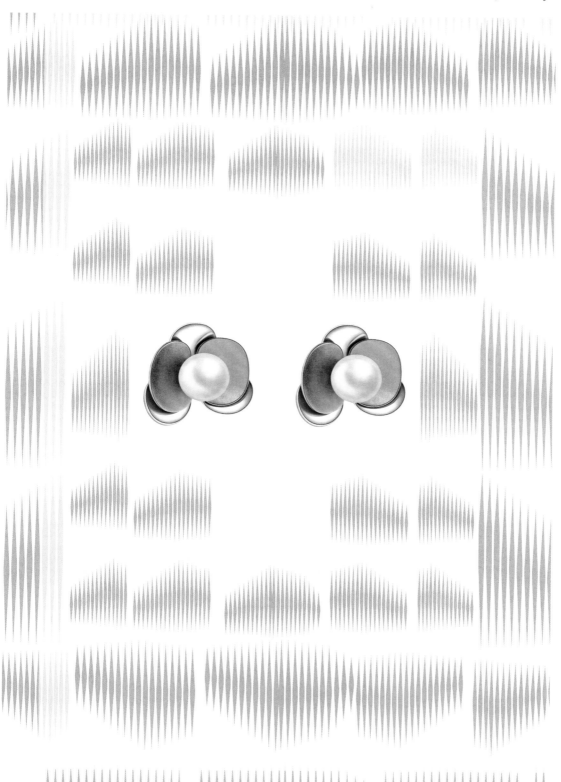

第三章

首饰数字化设计工具

计算机辅助设计（CAD）和计算机辅助生产（CAM）的大面积应用，使首饰的研发和生产不再过度依赖经验型技师，解放人力的同时更容易上手。CAD 是 Computer Aided Design 的简称，指利用计算机辅助设计人员完成设计阶段的相关工作，例如：二维图绘制、三维模型建造、生产优化等，用于设计过程中的发散探索、展示沟通或生产指导。CAD 计算机辅助设计作为重要的工程类技术，提升了设计效率，缩短了设计周期。接下来，本书将分别介绍首饰中常用的二维软件、三维软件的工作原理、使用特点以及应用案例，学习者根据偏好以及实际情况进行选择应用，或者综合性交叉运用。

一、首饰二维软件应用

（一）Photoshop

1. 软件背景介绍

　　Photoshop 是基础类图像制作软件，用于以像素为单位的数字图像处理。软件强大的二维图像编辑能力，能够为各个专业的设计表现带来帮助，无论是绘图、图像合成、图片编辑、调色修饰还是特效滤镜，视觉效果十分丰富。Photoshop 软件由美国 Adobe 公司研发，自 1990 年以来，不断升级，直到 3.0 的版本才引入图层编辑，成为 Photoshop 的重要转变。该软件对初学设计师非常"友好"，方便掌握、易上手，是首饰设计必备的基础类二维软件之一（图3-1）。

2. 软件工作原理

　　编辑图像是 Photoshop 的基础功能，如位移、放缩、裁切、按比例调整、透视、旋转等设置。基础原理为多图层

图 3-1　Photoshop 软件界面截屏

堆叠，图层叠加在一起构成一副新的图像，或通过逐层修改进行图像优化。可以通过"画"来增加新的图层，也可以将其他图层搬移过来，修改原有的背景图层等。局部新添图层与底图融合，可以形成视觉错觉，以假乱真。除图层外，Photoshop 的色彩模式采用三基色原理，分别从色相（Hue）、亮度（Luminance）、饱和度（Saturation）三方面进行评估与描述。Photoshop 常用的色彩模式有 RGB 和 CMYK 模式，前者适合基于电脑和 Web 类的图像呈现，后者适合印刷或出版。Photoshop 还凭借通道工具、蒙版工具、曲线工具等，完成更多的细节修改。面向不同专业，Photoshop 会产生不同的使用偏向，接下来介绍几种在首饰设计中 Photoshop 的典型用途。

图 3-2　戒指和项链的设计佩戴展示图

图 3-3　耳饰的设计佩戴展示图

3. 软件应用方式

（1）情绪板拼贴。情绪板也叫 Mood Board，是一种用视觉语言向他人展示、聚集信息，在设计过程中确定视觉风格，辅助视觉探索的工具和方法。设计师通过关键词或设计目标，广泛搜索相关的视觉图像，借助 Photoshop 的图层功能，进行层叠与拼贴。Photoshop 可以帮助设计师选取关键元素，通过提取、强化等主观加工，将画面多次复制、形态拉伸、元素移动、叠加或翻转，呈现特定的视觉风格。

（2）快速合成佩戴效果。首饰跟身体的联系密切，是设计效果的重要考量。设计师常使用 Photoshop 进行图层叠加，将首饰合成到模特身体，评估上身效果（图 3-2）。借助 Photoshop 的图像优化，尽量真实、以假乱真，客观还原首饰在身体上的位置、大小、风格等视觉效果，对美观度和装饰性给予综合评价，修改设计或快速沟通（图 3-3）。在快速合成佩戴中，经常使用的工具有抠图、图层位移、边缘柔化、缩放、调色等。

（3）后期修图。相较于其他产品，首饰的拍摄较为困难，除形体小巧外，金属、宝石的材质质感也较难表现。Photoshop的使用，能够弥补成品的拍摄缺陷，增加美感与精细度，确保图片输出质量（图3-4、图3-5）。首饰的后期修图大致需要如下步骤：提高画面亮度，优化光源，整体调色，使用修补工具去除污点和做工粗糙的死角位、砂眼

等；使用画笔工具重新绘制金属光泽；使用宝石素材、配件素材直接覆盖、替换。广告级别的后期，还需要进行抠像，通过图层位移叠加在背景底图上，烘托主题效果。

（二）Illustrator

1. 软件背景介绍

Illustrator是一款由美国Adobe公司开发的矢量绘图软件，简称"AI"。跟位图不

同，矢量图形无论放大到何种程度，图形均能保持高品质的清晰度。Illustrator拥有强大的描图曲线工具、文字编辑以及文本排版功能，友好的界面设置，适合二维图形绘制、排版编辑等视觉工作（图3-6）。Illustrator自1988年推出以来，经过多个版本升级，在标志设计、插画设计、海报书籍装帧、多媒体图像、网页制作等领域被广泛使用。

2. 软件工作原理

Illustrator利用钢笔工具，借助贝塞尔曲线提供灵活、流畅的图形编辑。贝塞尔曲线主要由方向线和锚点组成，锚点是鼠标可拖动的支点，方向调节线如同杠杆撬动线条起伏，通过锚点与方向线调整曲线弧度与方向，并随意增减锚点。Illustrator中线的绘制，需要熟练度和美术功底，长期训练方可达到随心所欲绘制的境界。另外Illustrator的文字编辑能力也经常为设计师提供帮助，字体可直接生成路径，变成矢量图形，并支持再次编辑，通过控制锚点局部修改、绘制、变形字体轮廓等。

图 3-4 铂金首饰拍摄图与修图对比

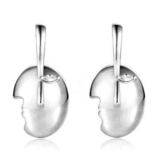

图 3-5 银质首饰拍摄图与修图对比

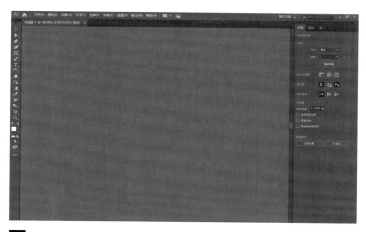

图 3-6　Adobe Illustrator 软件界面截屏

3. 软件应用方式

（1）绘制生产图纸。Illustrator借助强大的"钢笔"工具和贝塞尔曲线工作原理，适用于绘制工程类图纸。在首饰中常用的图纸有三视图、解剖图、细节结构图等，过往的首饰图纸常采用1:1手绘，需要设计师具备较高的手绘能力。而Illustrator对路径的精准编辑，适用于进行复杂图纸的比例控制、规格控制，通过尺寸控制器调整路径的长度、粗度、形状和范围。更重要的是，与手绘图相比，数字化的生产图纸利于保存，方便随时随地修改，即便完稿后仍需继续调整，也可以通过修改局部参数或者手动调整位置完成（图3-7）。

（2）激光刻字与切割路径。激光刻字和激光切割是首饰常用的加工手段，属于自动化数控技术的一种，是利用激光照射首饰材料表面，造成烧灼后汽化、凹陷的过程。控制激光走向的"路径"可以使用Illustrator或Core Draw等矢量软件制作。设计师在Illustrator中生成文字、图案或图形轮廓，路径数据会导入到数控设备中，控制软件对激光头的走向发出指令，同时控制激光的深度和加工速度，从而达到精细化的加工结果（图3-8、图3-9）。掌握Illustrator或同类的矢量软件，借助数控加工设备，可以帮助设计师完成表面及廓型的加工制作（图3-10）。

（3）路径导入导出。Illustrator的矢量路径支持多软件的导入与导出。在Photoshop中支持导入Illustrator文件，

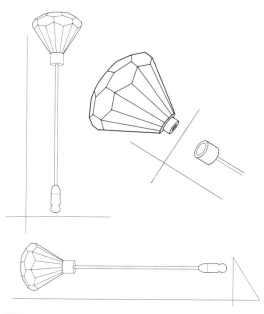

图 3-7　Adobe Illustrator 绘制设计图

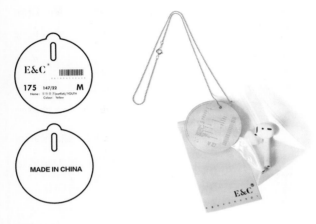

图 3-8　Eco Concept 系列项链作品矢量图
　　　　设计师：宋徐俊男

图 3-9　Eco Concept 系列胸针作品矢量图形
　　　　设计师：宋徐俊男

图 3-10　Eco Concept 系列制作成品
　　　　　设计师：宋徐俊男

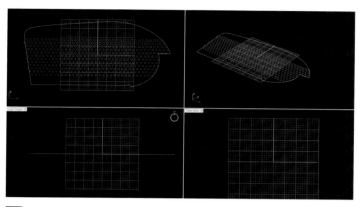

图 3-11　矢量路径导入 Matirx 软件

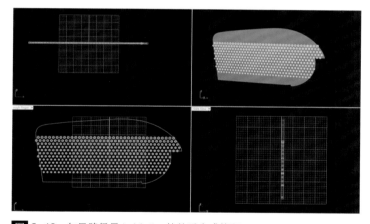

图 3-12　矢量路径导入 Matirx 软件后生成体积

通过简单的指令设置，成为可编辑的图层。除二维软件外，Illustrator 的路径文件还支持导入三维软件，如 Rhino 的 Matrix 插件，在导入路径的基础上生成三维模型，Matrix 中的路径也可以单独保存被 Illustrator 识别（图 3-11、图 3-12）。所以 Illustrator 具有较强的软件兼容性，为设计师的工作增加了便利。

二、首饰三维软件应用

（一）3Design

1. 软件背景介绍

　　3Design 是法国 Gravotech 公司 Type3 系列中针对首饰设计的三维建模软件，操作简便，帮助设计师达到精细化建模效果，也是各大知名珠宝公司的常用软件（图 3-13）。3Design 提供了独特的参数结构树，记录了每一步历史参数，不需要返回起始位置重新建模，直接修改过程和调用参数记录即可，系统会自动进行更新。同时，3Design 自带单独

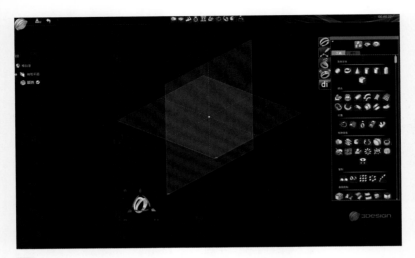

图 3-13　3Design 软件界面

的 3Shaper 和 Deep Image 插件，分别用于造型塑造和渲染用途，支持 IGES、STEP、OBJ、STL 等文件格式的输出。

2. 建模成型原理

3Design 采用 Nurbs 建模成型原理，通过多个控制点绘制线条，通过调整"控制点"的位置，获得理想的形状。建模模块的成型指令，可使"线"生成"面"和"体积"，同时借助参数结构树，随意修改之前的任意步骤，做到可逆的运算过程。而 3Shaper 是 3Design 的一个独立模块，作为 3Design 的插件安装，使用移动、旋转、放大等简单指令，直接拖拽立体模型上的控制点、线或面，从而重塑形

体，结合 Sub-D 技术让模型表面更加平滑，提供了较为自由的修改空间。

3. 软件应用特点

（1）自动和手动的排石功能。3Design 提供了自动和手动两种排石功能，可进行后期修改与调整，提供了极大的创作自由度（图 3-14）。宝石通

过参数化操作，达到精准的排石效果，支持统计数以千计的宝石信息，将不同的宝石放入到设计元素中。

（2）丰富的素材库。3Design 包含多样的材质库，如宝石、金属、皮革、塑料等，通过直接拖拉材质，即可完成贴图步骤，耳背针、瓜子

图 3-14　3Design 自动排石功能

扣、搭扣、机织链也可以直接调用，节省配件建模时间（图3-15）。3Design拥有施华洛世奇所有经典的水晶色号和切割形状，除虚拟建模外，设计师可以到门店对应调取。在软件自带素材库的基础上，用户可以自建素材库以满足创作过程中的特殊需求（图3-16）。

（3）图片及动画渲染。3Design包含自带渲染和Deep Image渲染两种功能，作为附加插件可独立安装。输出的同时，支持带有环境和动画素材的场景渲染，通过画幅和分辨率的选择，得到超高清的动态渲染效果，后期结合Adobe Premiere软件，完成宣传视频。

（4）材料成本报告。相较于其他软件，3Design的报告功能更为全面，可以集成技术图稿、材料成本报告、宝石成本报告于一体。可在报告中添加设计师logo、名称、网址等，支持简单排版以及11种导出文件格式。

4. 典型设计案例

设计名称：蜂窝镶嵌戒指

设计师：3Design软件培训公司

该案例展示了3Design的便捷操作和宝石镶嵌过程，通过一键生成复杂蜂窝造型，并在孔位中排布宝石、开石孔，最后通过3Design自带的Deep Image功能进行渲染输出，从而获得高品质模型图像。

第一步　将设计图稿作为背景，调整透明度和位置。进入草图模式，绘制出需要的路径和截面，通过调整控制点的位置，更改路径的位置和截面大小，以达到理想状态（图3-17）。

第二步　退出草图模式进入建模模式，利用旋转成型工具，通过截面形状，选择旋转轴和旋转角度，创建戒指实体。同时，选择材质类型，通过预览模式，检验效果（图3-18）。

第三步　一键创建蜂窝形体，结合抽取曲线功能，让蜂窝完美贴合戒指的边界线，再通过布尔运算的减去命令，即可得到布满戒圈的蜂窝孔洞

图 3-15　3Design 金属材质库

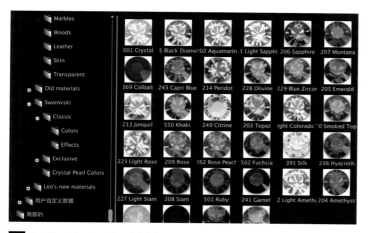

图 3-16　3Design 宝石材质库

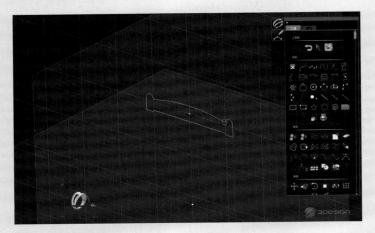

图 3-17　绘制截面和路径

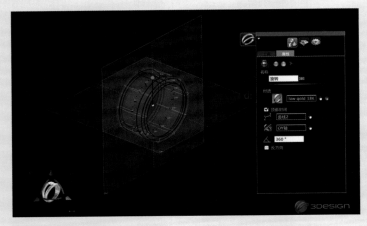

图 3-18　创建戒指实体

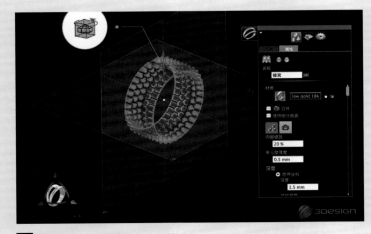

　图 3-19　创建戒圈表面蜂窝孔洞

（图 3-19）。

第四步　使用高级排镶功能在孔洞中排布宝石，调整宝石的大小、间距、排列方式等参数后自动添加宝石的位置。只需创建一颗宝石，即可将其对应镶嵌至每一个宝石位置（图 3-20）。

第五步　宝石排布完成后，为宝石开石孔。选中宝石，使用多重切割体功能，调整孔位的深度和底部类型，创建多重切割体，使用布尔运算，减去创建的多重切割体，得到宝石相对应的孔位（图 3-21）。

第六步　制作戒指两侧的边缘，通过预设线功能，确定位置列表和创建曲线的类型，自动获得宝石间的曲线位置。再利用创建实体的原理，使用多重管道功能，确定路径和截面形状、大小等参数，即可得到边缘实体（图 3-22）。

第七步　隐藏宝石，通过三维视角，观察结构是否美观、合理，如果需要修改，可以在根目录内找到对应的参数，进行调整。最后，将戒指主体部分和边缘部分合并（图 3-23）。

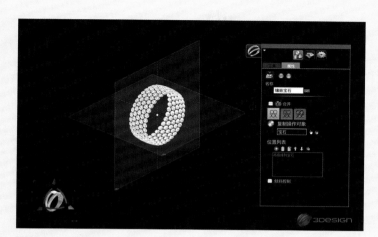

图 3-20 使用排镶功能排布宝石

图 3-21 为宝石开石孔

图 3-22 创建戒指边缘造型

第八步 撤回宝石隐藏，选中要渲染的部件，使用3Design自带的Deep Image功能，将对应的材质拖拉至模型，通过鼠标调整模型角度和位置后，自定义画幅和分辨率，得到高清的渲染效果（图3-24）。

图 3-23 观察结果与合并造型

图 3-24 完成渲染图效果图

（二）JewelCAD

1. 软件背景介绍

早期首饰专业院校都开设有JewelCAD软件课程，JewelCAD是首饰中较为普及的三维建模软件，兼具辅助设计与对接生成。该软件由香港珠宝电脑科技有限公司在1990年研发，专门针对首饰专业，简单易学（图3-25）。跟其他建模软件相比，JewelCAD最具成本效益，凭借简便、快捷、专业的操作特征，以及在终端输出的优势，受到行业内的普遍认可。虽然JewelCAD学习门槛低，但跟其他的大型三维软件相比兼容性较弱，功能简易。

JewelCAD经过不同的版本迭代，不断进化功能和优化界面，其中JewelCAD Pro是一个改进比较大的版本（图3-26）。JewelCAD Pro跟JewelCAD 5相比，保持了界面布局的简洁、友好，但界面设置做了较大调整，增加了复杂建模以及自动化操作：如在曲面和曲线上自动排石并调节石距、大小；可以在曲面上自由绘制曲线；能够计算立体表面积；通过参数改变宝石的大小及款式等。

2. 建模成型原理

JewelCAD使用导轨曲面成型原理以及布尔运算成型原理，作为主要的成型指令。导轨曲面成型指一个切面或者多个切面沿着导轨曲线延伸成体积（图3-27、图3-28）。执行"导轨曲面"命令操作时，在对话框中选择所需切面位置、导轨数量和切面属性等，完成导轨曲面的建模成型。软件操作者需具备把形态转化为切面和导轨的逻辑，但这种建模方式不擅长制作浮雕。软件利用布尔运算，对曲面、块状体作并集、交集、差集的运算处理，也被称为"布林体命令"。布尔运算是英国数学家乔治·布林（George Boolean）在1847年制定的一套逻辑数学计算方

图 3-25　JewelCAD 5 软件界面

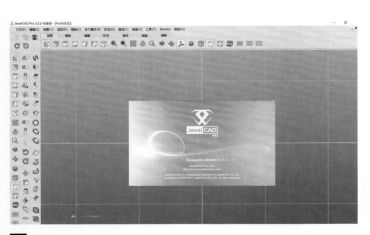

图 3-26　JewelCAD Pro 软件界面

法，用来表示两个数值相结合的所有结果。此命令不支持曲线和曲面，仅针对成体积的模型（图3-29）。

3. 软件应用特点

（1）资料库与材质库。JewelCAD配备了首饰专用的资料库和材质库，资料库包括戒圈、项链吊坠扣、连接扣、耳针和耳堵、胸针等配件，以及圆形宝石、心形宝石、马眼形宝石、枕形宝石、水滴形宝石、三角形宝石的各类镶嵌结构，供设计师随意调用（图3-30~图3-32）。资料库中的模型调入视图后，可随意更换材质、大小并支持局部形状的修改和调整。JewelCAD的材质库有白金、黄金、银、翡翠、珍珠以及各种颜色的刻面宝石等（图3-33）。跟Rhino、Zbrush等同类三维建模软件相比，JewelCAD的资料库、材质库的针对性较强，常见的配件、宝石、材质都可以找到。

（2）贵金属重量计算。JewelCAD提供首饰重量计算，满足首饰对重量控制的需求偏好。选取首饰模型后根据不同金属的相对密度，计算出实际的成品重量，作为设计的参考指标。软件可以针对24K黄金、22K黄金、18K黄金、14K黄金、9K黄金、银、铂金的材质进行计算，在设计阶段控制成本，避免重量过重以及佩戴的不舒适感（图3-34）。

（3）复制、剪贴排石镶嵌。使用一般三维建模软件排布宝石或大面积满镶时，需要手动对位，耗费时间且缺乏精准。JewelCAD提供了各类复制命令、剪贴命令应对镶嵌需求，

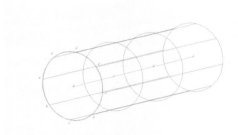

图 3-27　JewelCAD 5 导轨建模原理（一）

图 3-28　JewelCAD 5 导轨建模原理（二）

图 3-29　JewelCAD 5 布林体建模原理

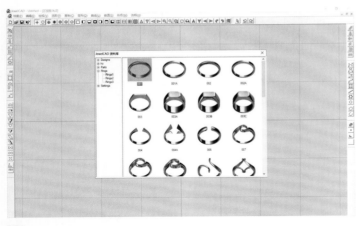

图 3-30　JewelCAD 5 软件资料库戒圈

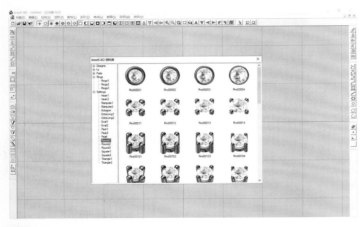

图 3-31　JewelCAD 5 软件资料库镶口

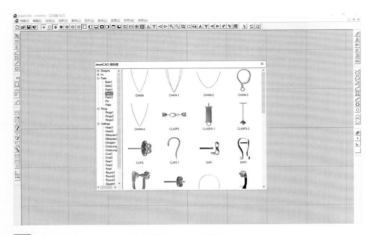

图 3-32　JewelCAD 5 软件资料库首饰配件

复制命令包括左右复制、上下复制、旋转180°复制、上下左右复制、直线复制、环形复制，并执行重复工作（图3-35）。在复制命令栏里，有一个特殊的"剪贴"命令，只需将一粒宝石调整到合适大小，在快彩图模式下可以随着鼠标的点击，使宝石自动附着在首饰表面，并支持在不结束命令的前提下微调大小。排布完宝石后，排布石钉以及开石孔也会涉及大量复制命令的使用。

（4）轮廓线图及光影图生成。完成建模后，可以导出JPEG和BMP格式的二维光影渲染图或轮廓线图，并手动设置图片清晰度。JewelCAD的光影渲染不需要设置灯光和参数，只要附着材质，就可以自动生成光影效果（图3-36）。这样的处理操作简便、节省渲染精力，不需要额外布置灯光、调节参数等。但缺点是无法渲染更为精致、细腻的表面效果，修改的自主性较低。所以，在加工端较多使用JewelCAD辅助生产，而设计师更倾向选择Rhino及其插件，以追求更好的视觉效果。除了光影图外，

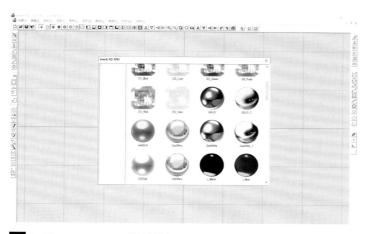

图 3-33　JewelCAD 5 软件材料库常用材质

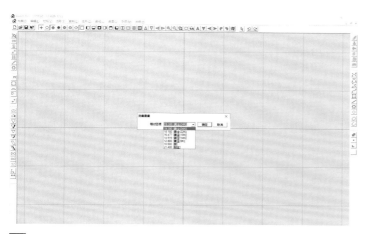

图 3-34　Jewel CAD 5 软件重量计算命令

JewelCAD可自动生成轮廓线条，清晰呈现结构（图3-37）。

（5）对接生产加工。JewelCAD不光可以辅助设计，也有着较强的生产对接能力，可输出STL、SLC、NC、DXF、IGS等三维文件格式。如果使用3D打印或CNC数控加工，直接导出STL格式即可。如果使用首饰喷蜡，不需要转换文件格式，常用喷蜡机可直接识别JewelCAD文件。在喷蜡前，常用JewelCAD进行打印前排版，将待加工的模型集中在一定区域内，按照模型的形状、高矮紧密排列，在不产生交叉、不超过加工区域和打印高度的前提下，尽可能密集排列。另外，为了更好完成后续的蜡模铸造，需针对特殊模型或局部位置添加连接，防止变形、磕碰、损坏等。

图 3-35　JewelCAD 5 光影图（一）

图 3-36　Jewel CAD 5 光影图（二）

图 3-37　Jewel CAD 5 轮廓线图

4. 典型设计案例

设计名称：幽兰

设计师：宋懿

本设计以兰花作为造型来源，采用上下双层花瓣结构，归纳、再现兰花的基本形态。在绘制草图确定形态后，使用 JewelCAD 完成三维建模，借助软件的简易渲染评估形态的视觉效果，将模型进行 3D 喷蜡，获得 1:1 的蜡模实物用于后期铸造。耳饰主体造型结构简易，没有复杂的起伏和纹理，适合使用 JewelCAD 进行快速表现。

第一步　在曲线面板中选择"自由曲线"工具命令，以纵向中心线绘制切面。选择切面，执行成体积面板中的纵向环形曲面成体积命令，切面以纵轴为中心旋转 360°，形成凹陷曲面体积（图 3-38）。

第二步　在顶视图下，使用左右对称曲线绘制三瓣花的外形轮廓。封闭曲线后，使用直线延伸曲面命令形成体积，执行布林体命令将曲面多余的体积剪掉，得到花瓣造型。调整花瓣边缘的 CV 点，选取最外层 CV 点整体放大，获得垂直于花心的边缘切面（图 3-39）。

第三步　将三瓣花暂时隐藏。再次使用纵向环形曲面成体积命令，制作更深曲度的凹陷曲面体，两个凹陷曲面位置相互贴合。切换顶视图，用左右对称曲线绘制两片花瓣的对称轮廓（图 3-40）。

第四步　使用布林体命令将凹陷曲面多余的体积剪掉，得到两个花瓣造型。展示花瓣的 CV 点后，选取最外层 CV 点整体放大，获得垂直于花心的边缘切面（图 3-41）。

第五步　将隐藏的花瓣调出。在曲面命令中调入圆球体

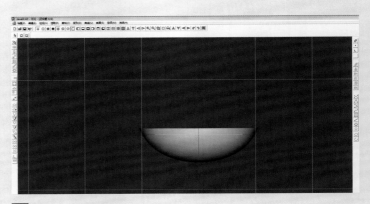

图 3-38　创建花瓣底层凹陷曲面体积

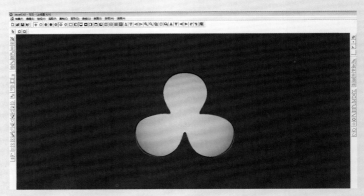

图 3-39　通过布林体命令获得底层花瓣形状

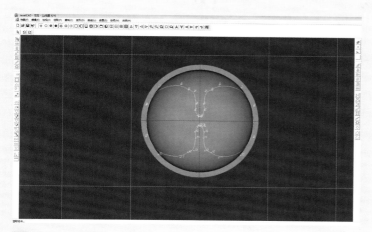

图 3-40　绘制顶层花瓣轮廓

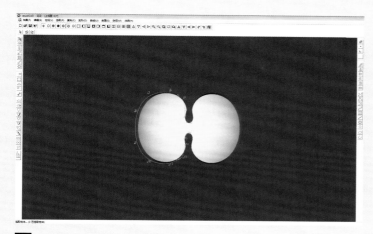

图 3-41　获得顶层花瓣曲面体积

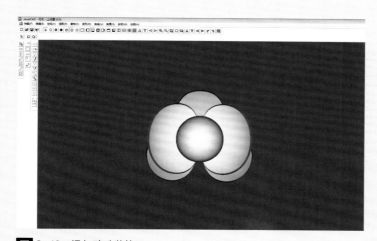

图 3-42　添加珍珠装饰

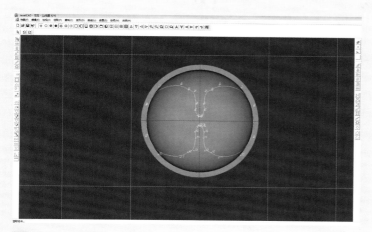

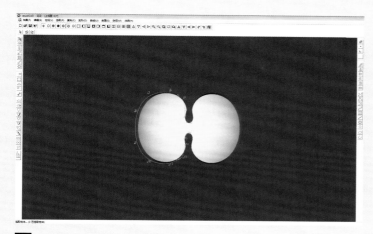

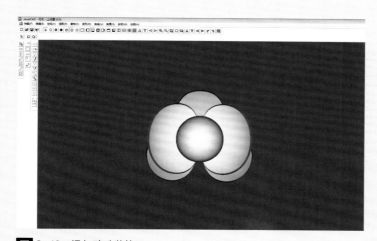

积，使用放大缩小工具，调整至合适大小，通过不同视图的切换将圆球放置在花瓣的中心位置（图3-42）。

　　第六步　暂时隐藏圆球，在双层花瓣中心制作珍珠镶嵌针。从资料库调用配件，利用放大缩小工具以及视图切换，将耳针调整至花瓣背部中心。加工时为了上下两层花瓣能准确对位，耳针建造在底层花瓣中心，上层花瓣中心开圆孔，穿入定位（图3-43）。

　　第七步　将隐藏的圆球调入视图，利用视图切换功能，分别从顶视图、侧视图角度观察模型状态，如发现偏差可借助移动工具进行微调（图3-44）。

　　第八步　从材质库选择相应材质，观察综合效果是否符合预期。将模型摆放在合适的角度，输出渲染光影图的同时保存JewelCAD文件用于后期分件喷蜡、铸造，经过打磨、抛光、电镀、组装获得最终实物（图3-45、图3-46）。

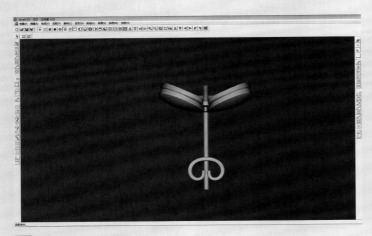

图 3-43 创建珍珠镶嵌针和耳针

图 3-45 渲染光影效果图

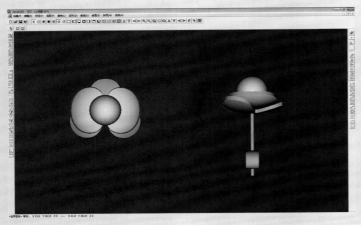

图 3-44 不同角度观察模型形态

图 3-46 耳钉最终制作实物

（三）Matrix

1. 软件背景介绍

　　Rhino 是工业设计中常用的 Nurbs 建模软件，功能完善、强大，帮助设计师快速表达设计思路，广泛应用于工业、建筑、机械等领域。相较于 JewelCAD，Rhino 更加复杂，兼容性更好，可安装特色插件，进一步优化 Rhino 的功能。而 Matrix 是 Rhino 专用于首饰设计的插件，在这里我们不去针对 Rhino 的建模功能做过多介绍，而是面向首饰领域，介绍几款基于 Rhino 的特色插件。其中 Matrix 是专业首饰设计师经常使用的插件之一，Matrix 由美国 Gemvision 开发，该公司是一家专门针对珠宝首饰的 CAD、CAM 开发类软件公司，同类的软件 Counter Sketch、Clayoo 等，也深受首饰设计师喜爱。Matrix 作为嫁接在Rhino软件中的特殊插件，兼具Rhino强大的功能以及专门针对首饰的友好界面（图3-47）。Matrix能够产出精度较高的复杂模型，借助锁定临近点的功能，移动、复制、缩放或自由绘制各种图形，通过自动捕捉定位点，获得精度较高的细节控制。

2. 建模成型原理

Matrix使用时需要在系统中先安装Rhino，然后再安装Matrix插件，所以Matrix的工具命令与Rhino大致相似，熟练使用Rhino的设计师会很快掌握Matrix的使用技巧。Matrix的成型原理跟Rhino一样采用Nurbs建模方式。这是一种在高级三维软件中通用的建模方式，能够更好地控制曲线，从而创建出顺滑、流畅的造型。我们可以将Nurbs建模方式理解为一条光滑的曲线是由若干个控制点构成，这些点控制着一定范围内的曲线的曲率、方向和长短（图3-48）。曲线连接后形成曲面，控制点变成"交织的网状"铺设在表面，可以调整单个控制点的相对位置来改变曲面的形状（图3-49）。曲面边界弯曲或者缝合后，可以将曲面填充成体积，控制点"包裹"在体积上，调整控制点改变体积的形状，曲面还可以通过操作命令进行切割、修剪等（图3-50）。总之，Matrix对于曲面的灵活塑造程度远远优于JewelCAD。

Matirx 9版本新增了自由形式建模Clayoo插件，直观地帮助大家理解Nurbs曲面的成型方式。在菜单栏里选择

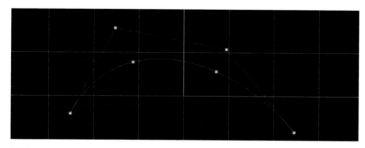

图 3-47　Matrix 软件界面截图

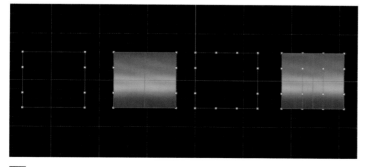

图 3-48　Matrix 中的 CV 控制点

图 3-49　Matrix 曲面网格的成型原理

Clayoo命令，生成立方体、圆柱体、环形体、椭圆体、平面或者球体等基础形态，曲面表面按照形态转折，布满控制点，选取控制点，在立体空间内，沿坐标轴可自由拖动、推拉控制点的位置，相应的外观形状发生改变（图3-51）。

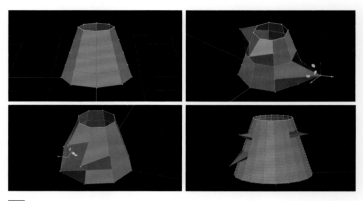

图 3-51　Clayoo 插件中用控制点修改模型

3. 软件应用特点

（1）自动宝石镶嵌功能。Matrix的自动宝石镶嵌功能操作简单，除自带大量的宝石、镶口等资料库外，支持随意设置宝石的尺寸、镶嵌间距。Matrix的自动添加石钉功能，可以自主设置钉的高度、形状、与宝石相交的尺度以及石钉的数量和位置（图3-52）。在排石上，支持在曲面上绘制曲线，宝石能自动均匀排布在曲

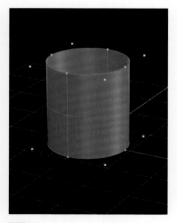

图 3-50　Matrix 体积网格的成型原理

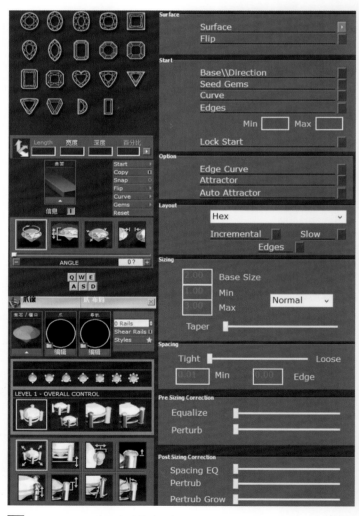

图 3-52　Matrix 宝石自动镶嵌面板

线上，并嵌入所附着的曲面。通过继续设置宝石尺寸、宝石间距、手动移动宝石位置等操作工序，进一步细节化镶嵌。Matrix还具备自动开石孔功能，选择宝石后，设置开孔深度即可完成。切割工具栏还提供了便捷的开虎爪槽位，槽位依据宝石所在位置自动出现，选择槽位的形状和大小后，通过布林体运算剔除槽位，即便剔除槽位的命令已经执行，仍然能够通过控制点调整槽位的大小（图3-53）。Matrix提供的各类镶嵌辅助功能，其自动化程度、灵活度以及参数化控制程度都要高于其他同类软件。

（2）内置浮雕功能。在首饰设计中，会涉及大量浮雕类曲面造型应用，这也是大多数首饰设计师选择Matrix的原因。创建曲线图案，并给予不同的颜色图层，通过颜色分层自动生成浮雕，通过逐层调试、修改细节，如浮雕厚度、切面形状、分辨率、清晰度等。除了曲线生成浮雕外，还支持通过导入灰度图片自动生成浮雕，再进行细致修模。

（3）V-Ray渲染工具。Matrix自带渲染，在界面中支持生成渲染背景，可以直接为渲染背景添加木质材料、布料以及环境光，模拟真实首饰的展示场景，更方便的是Matrix还提供了渲染道具，如耳坠架、项链架、手模等。Matrix的渲染效果较为细腻、逼真，可以设置渲染分辨率，导出各种格式文件并制作简易的展示动画等。

（4）快速生成器。Matrix具备快速生成器功能，用来快速创建和修改现成模型库的各类款式。由于Matrix的后期编辑能力较好，即便是现成模型也能进行深入调整。如导入戒指模型，通过输入数据或手动拖动控制点，继续编辑顶部戒

面形状、宽度和高度，跟戒圈的连接方式等。Matrix自带的快速生成器包括戒指快速生成器、镶口生成器、底座生成器、花纹造型生成器、链扣生成器、螺旋生成器、快速创建集群等。

以利用快速生成器制作男戒为例，添加戒指尺寸，点击开始按钮后视图中出现典型男戒，通过顶部模块，选择戒指顶面的形状；通过边缘模块改变戒指壁形状，或直接将鼠标移动至形体的控制点，通过拖拽改变戒指底部、面宽等外观形状（图3-54、图3-55）。

（5）金属测量与宝石报告。Matrix提供黄金、白银、黄铜、不锈钢等多种金属材质的测量结果，并针对带有宝石

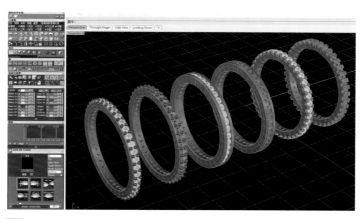

图 3-53　使用 Matrix 完成戒指的各类镶嵌

的首饰模型自动生成宝石报告，以表格的形式直观、详细描述宝石的种类、尺寸、数量以及克重（图3-56）。可以点击某一栏宝石的数据，反向查找其在模型中的位置，随着所选宝石材质种类的变化，如蓝宝石切换成红宝石，宝石报告栏的各项数据发生相应更新。Matrix可以直接将宝石报告的文本导出，对接生产与原料采购。

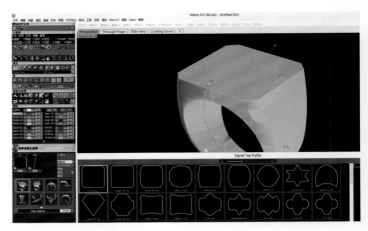

图 3-54　通过顶部模块修改戒面形状

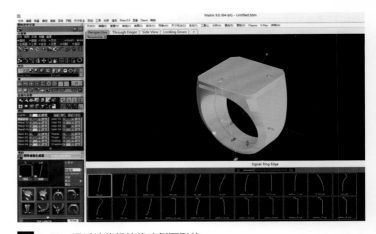

图 3-55　通过边缘模块修改侧面形状

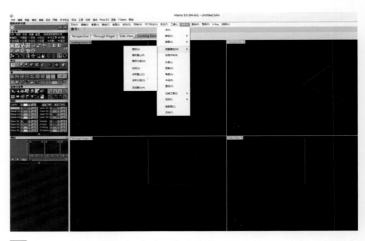

图 3-56　Matrix 金属测量与宝石报告命令

4. 典型设计案例

设计名称: 身体戒指

设计师: 周晔熙

该设计采用新艺术时期的戒指廓型,通过刻意改变戒指尺度,佩戴在身体而不是手指上,审视首饰与身体的佩戴关系。设计师让戒指与身体穿插,头部成为戒指的"宝石",这种穿插关系构成了主体创意。由于"戒指"的形体以曲线为主,表面点缀大量的圆形宝石,采用Matrix插件完成三维建模。从曲线绘制再到生成曲面,借助Matrix的自动镶嵌功能,快速地完成宝石的排布,再通过光敏树脂3D打印、喷漆、黏合、组装等环节,完成最终实物。

第一步 将设计草图导入到软件中作为背景,调整透明度后,使用曲线命令描绘单侧草图形态。描绘结束后,展开控制点,调整曲线的位置。关闭草图背景,观察单侧的曲线形态(图3-57)。

第二步 在上下两条主造型曲线中间,绘制一条高度曲线,以便生成三角形切面形状。然后使用对称复制命令,将单侧曲线复制成双侧曲线,形成带有一定宽度的立体曲线轮廓(图3-58)。

第三步 曲线轮廓全部准备完毕后,进入绘制切面。绘制三角形切面后,执行双导轨命令,单侧的主造型制作完毕。将视图转换到另外一侧,执行同样的双导轨命令,完成另一侧的主造型创建(图3-59)。

第四步 主体造型完成后,开始排布宝石。选择曲线功能中的物体建立曲线命令,沿着体积表面拉出若干条间距均匀的UV线,这些曲线将成为宝石排布的参照路径,控制宝石的排布走向(图3-60)。

第五步 使用线上排石功能,根据曲线生成圆形宝石,并通过数值设置每条曲线上的宝石位置、间距和宝石大小。自动排布后,人工检查宝石位

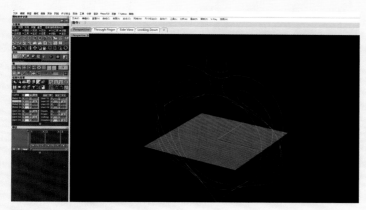

图 3-57 绘制单侧曲线形态

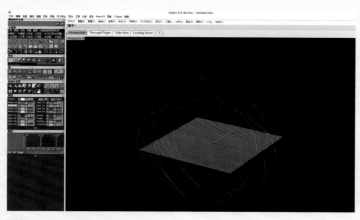

图 3-58 绘制双侧曲线形态

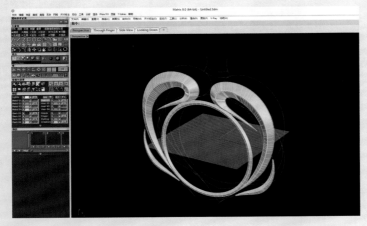

图 3-59　创建导轨命令形成单侧体积

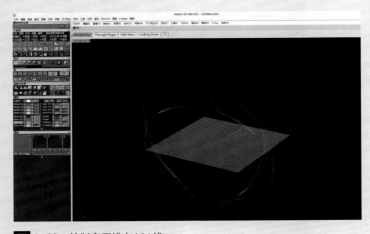

图 3-60　绘制宝石排布 UV 线

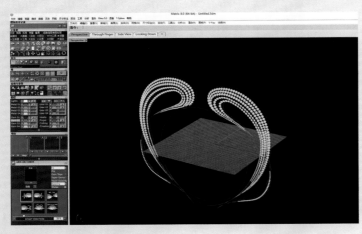

置的均匀性，如果有问题再进行手动调整（图3-61）。

第六步　宝石排布完成后，开始为宝石开石孔，选择宝石自动生成命令中的开石孔功能。该设计中镶嵌宝石的底面为平底，并不是尖底，所以需要重新调整孔位的直径和高度（图3-62）。

第七步　排石和石孔制作完毕后，增加中间的连接结构，并将顶部的曲线生成体积，同样经过简单排石，获得最终三维模型。在三维视图内观察形态是否符合设计预期，隐藏宝石后，将模型做成四个分件，输出STL格式用于光敏树脂3D打印（图3-63）。

第八步　如果希望观察渲染效果，不隐藏宝石，将模型导入KeyShot渲染软件，通过光影设置、贴图设置等命令，观察渲染效果。该件首饰体形较大，可以在Matrix中导入身体模型，观察上身状态（图3-64）。最终实物采用光敏树脂3D打印，通过喷漆、黏合、组装等环节，完成制作（图3-65）。

图 3-61　生成表面宝石装饰

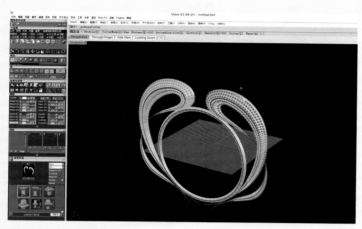

图 3-62 设置平底宝石石孔

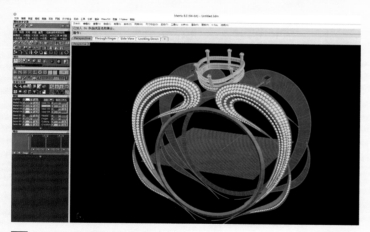

图 3-63 最终组合模型生成

图 3-64 模特上身虚拟效果渲染

图 3-65 成品制作完成佩戴效果

（四）Grasshopper

1. 软件背景介绍

Grasshopper 也是一款在 Rhino 环境下运行的插件，跟其他软件不同的是，Grasshopper 是通过一系列模块化的运算器指令搭建模型生成的逻辑，并通过执行这些运算器的指令，生成最终模型。Grasshopper 的第一个版本发布于 2007 年 9 月。作为参数化设计的常用软件工具，较多用于建筑表皮和复杂曲面空间的设计。近些年，各专业都表现出了对 Grasshopper 的强烈兴趣，首饰设计师也越来越多地使用 Grasshopper 生成和推进造型设计方案（图 3-66、图 3-67）。

Grasshopper 采用的是程序算法生成模型，并在模型中植入丰富的生成逻辑。Grasshopper 能够完整记录从起始到最终的建模过程，在数据控制下，改变起始模型或相关数据变量，修改最终的形态效果。Grasshopper 通过将组件拖动到画布上来创建程序，然后将这些组件的输出连接到后续组件的输入，便可以使模型产生扩展、分裂、旋转、叠加、分化等各种变化。

2. 建模成型原理

Grasshopper 的主要界面是基于节点的运算器，数据通过连接线从一个组件传递到另一个组件，运算器之间的"连线"可以理解为数据关系（图 3-68、图 3-69）。由于 Grasshopper 自带很多运算器，设计师不需要具备代码能力，允许通过集成后的编程，像积木一样串联设计意图。开源网站会提供各种运算器代码，供 Grasshopper 爱好者使用，设计师只要根据设计意图更改使用的顺序和逻辑。Rhino 作为 Grasshopper 的平台，更多用于直观、即时的展示模型结果，Grasshopper 每编辑一个新的运

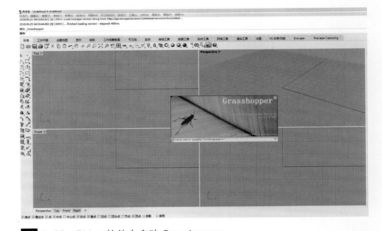

图 3-66　Rhino 软件中启动 Grasshopper

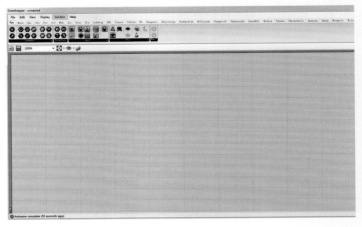

图 3-67　Grasshopper 软件操作界面

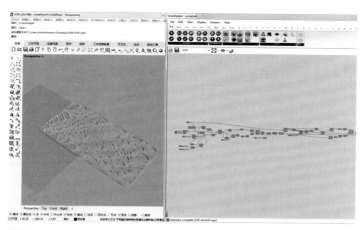

图 3-68 Grasshopper 软件建模过程截图（一）

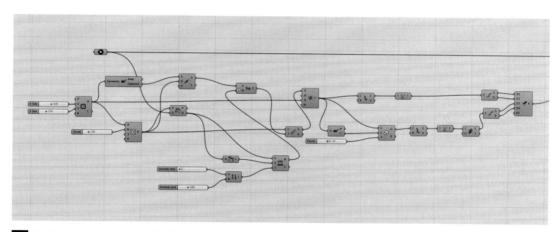

图 3-69 Grasshopper 软件建模过程截图（二）

算器，Rhino窗口都会显示模型变化后的形态。

Grasshopper支持复杂模型建造，短时间内可生成多种造型结果，调整一个参数就会产生一个结果。Grasshopper虽然没有提供专用于首饰的特殊命令，但在处理连续性复杂造型、快速生成结果以及参数化控制方案上表现出了优势。对

于首饰，Grasshopper的参数化控制能力，非常适合前期的造型探索，可快速获得多种形态方案用于后期评估（图3-70）。同时，也非常适合将首饰设计理念进行参数化描述，通过Grasshopper实现对造型的控制。

3. 软件应用特点

（1）参数与运算器。Gras-

shopper中包含参数类运算器、指令类运算器和少量特殊功能的运算器。参数使用"电池块"表示，包含了数据信息，用来存储数据。指令也使用"电池块"表示，包含"动作"，用来处理信息。运算器之间的相互作用，需要数据来进行关联，产生相应结果。"电池块"分为数据的输出端和输

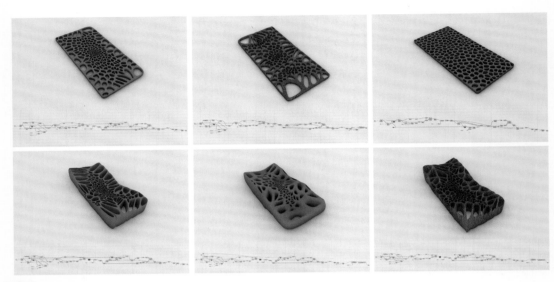

图 3-70　使用 Grasshopper 运算器和参数进行造型探索

入端，参数和运算器之间需要建立数据关联，用"连接线"连接参数数据和动作指令，"连接线"也代表着哪个运算器和哪个运算器产生关系，从而构成了生成逻辑。其中单线表示只有一个数据；双线代表有多个排列顺序的数据；虚线代表有多组数据列表。建立完关联的参数和运算器，可以改变任意参数，控制造型的生成结果，即便是多个参数和运算器的串联，在不改变逻辑顺序的前提下，也可以调整初始参数。Grasshopper 随着每次版本的更新，会增添更多运算器供设计师使用（图3-71）。

（2）参数控制的造型联

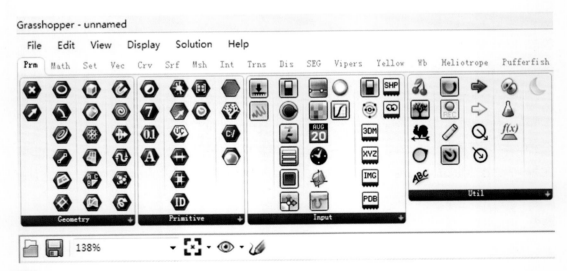

　图 3-71　Grasshopper 运算器命令

动。Grasshopper通过运算器建立的造型节点，组合成联动的整体，所有的节点都受之前节点的影响。Grasshopper的开发者将其描述为"树形数据"：以"树干"为主体，形成了众多数据分支，但是分支之间的数据彼此关联。因为大量的数据相互交织、彼此作用，做好数据管理是熟练使用Grasshopper的前提，设计师要有清晰的思路掌控数据关系。

（3）开源性的编程。使用Grasshopper的过程中不免受制于现有运算器组件，具备编程能力的设计师，不局限于软件已有的运算命令，而是根据自身需要开发新的运算命令。Grasshopper的开源性为设计师更有创造力，提供了全面的技术支持。Python程序语言被三维分析类设计软件广泛支持，在Grasshopper中可以同Python语言结合，通过程序代码编写新的造型规律。利用Python语言协助设计极大地拓展了Grasshopper的模型构建能力。

4. 典型设计案例

设计名称：Plant Planet身体植物园系列

设计师：宋懿

"Plant Planet身体植物园"系列意在探讨身体与植物的互生关系，呈现显微视角下的植物造型，强调未来时尚的有趣佩戴，再造首饰语境下的未来植物美学。本设计将显微镜放大后的勿忘草花粉粒作为造型来源，重现花粉粒的附着状态。该造型表面凸起随机分布，如果单纯依靠手动"摆放"，费时费力。借助参数化插件Grasshopper能快速获得随机性堆积、挤压、凸起的表面形态，同时保持了完整的圆形轮廓。最终，通过尼龙3D打印和分色喷漆、金属配件组

装完成最终的实物制作。

第一步　在Grasshopper中用Sphere运算器创建球体，以Base输入端默认的原点为中心，设定球体半径。通过Populate Geometry运算器在球体表面生成一定数量的随机点，数量由Count输入端进行控制，随机点的生长位置由Seed输入端进行控制（图3-72）。

第二步　以随机点为中心，通过Sphere运算器在表面堆积一系列相互挤压的球体，Radius输入端控制球体的半径。由于表面球体都是独立的，通过Solid Union运算器进行布尔运算，使球体成组（图3-73）。

第三步　通过Populate Geometry运算器，在堆积球

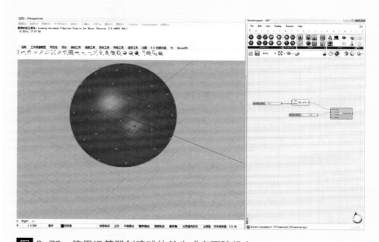

图 3-72　使用运算器创建球体并生成表面随机点

体表面继续生成随机点，这些随机点将作为新增球体的中心点，随机点的数量通过Count输入端控制，随机点的随机生长位置由Seed输入端控制（图3-74）。

第四步　通过Surface Closest Point运算器，计算随机点对应球体的UV坐标，通过Evaluate Surface运算器依据UV坐标，计算出随机点对应球体的法线方向。使用Amplitude运算器为向量指定大小，Move运算器移动法线（图3-75）。

第五步　以移动后的点为中心，通过Sphere运算器创建球体。将移动后的点数据赋予Base输入端，作为球体的中心点，球体半径通过Radius输入端控制，生成最外侧的球体点缀（图3-76）。

第六步　为了区分不同区域，将两组球体进行着色处理。使用Custom Preview运算器为球体着色，颜色通过Color Swatch运算器进行控制（图3-77）。

第七步　通过运算器调整参数控制，可以获得各种发

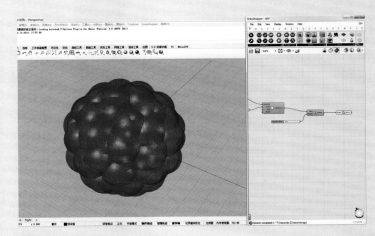

图3-73　创建表面不规则堆积球体

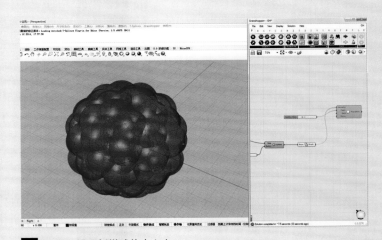

图3-74　设置新增球体中心点

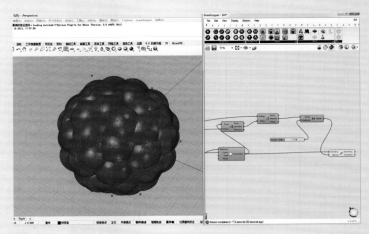

图3-75　建立并调整移动法线

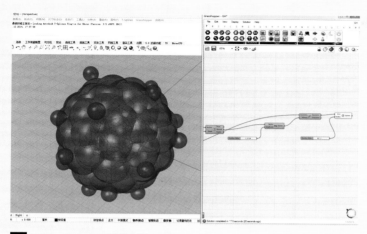

图 3-76　添加外层装饰圆粒

散形态，作为备选方案进行评估。将Grasshopper的模型导入KeyShot软件中简单渲染，给不同部位添加拟真的颜色和材质效果（图3-78）。

　　第八步　确认渲染效果后，进入实物制作。使用尼龙3D打印技术制作成品，尼龙重量轻且表面带有颗粒质感、易上色。后期经过喷漆、黏合以及金属件组装等环节，获得最终实物（图3-79、图3-80）。

图 3-77　为模型着色后观察

图 3-78　KeyShot 软件渲染效果

图 3-79　成品制作模特佩戴局部效果

图 3-80 成品制作模特佩戴全身效果

图 3-81 慕惜珠宝 3D 工作室作品建模过程截图 设计师：崔金玉

（五）Zbrush

1. 软件背景介绍

Zbrush 是一款由 Pixologic 公司在 1999 年开发的雕刻类建模软件，相较于同类软件开发较晚。区别于现有软件的成型方式，属于数字雕刻类绘图软件，采用 2.5 维的建模原理，广泛应用于电影、电视、三维动画、游戏设计中的角色建模。通过鼠标和指令控制 Zbrush 的立体笔刷雕刻出三维造型，没有复杂的算法和程序化参数，只需要感性加工，解放了设计师繁重的建模学习（图 3-81）。

首饰中经常涉及浮雕造型，如动物、植物、仿生肢体、特殊纹样等。即便是立体形态，一旦细节增多，便增加了软件建模的难度。Zbrush 能快速塑造表面肌理，各类笔刷指令专门针对精细花纹、线条、凹凸、起伏，在表现毛发、褶皱、表皮、岩石等细腻造型上，拥有较强的执行力。所以，Zbrush 常作为重要的补充软件，结合 3Ds Max 或 Rhino 使用，用于处理局部细节（图3-82）。

2.建模成型原理

Zbrush也被称为2.5维建模软件，可理解为在平面的画布上绘制深度效果，模拟再现"雕塑家的手"，兼具二维软件的控制性和三维软件的塑造性。绘制时设置笔刷的凸起或凹陷，也就是通过剔除和堆叠雕刻形体，只不过鼠标和指令

图 3-82　慕惜珠宝 3D 工作室作品　设计师：崔金玉

代替了刻刀。Zbrush的笔刷雕刻是非常直观的绘图方式，支持设置笔刷的形状、强度、大小以及羽化范围，也就是边缘区域的软硬度（图3-83）。

当笔刷使用得越多，随着雕刻效果堆积，意味着模型的曲面数量越多，Zbrush快速处理的能力支持精细、复杂的改动，但在制作输出时，由于加工精度限制，并不是所有的精细造型都能够被制造还原，尤其是在压模和铸造中，会损失细节。从Zbrush的虚拟建造到真正的实物获取，需要经验积累的同时，还需充分了解数控加工的精度要求。

3.软件应用特点

（1）丰富的立体笔刷库。Zbrush为设计师提供了上百种

笔刷命令，如标准笔刷，划过的地方凸起；平坦笔刷，将模型表面压平或提高、降低平坦表面；粘土笔刷，产生粘土逐层覆盖的效果；收缩笔刷，用于收缩模型表面，表现褶皱；平滑笔刷，将相邻的点平滑处理；膨胀笔刷，产生膨胀效果等（图3-84）。此外，还有纹理粘土笔刷、边缘雕刻笔刷、压平笔刷、裁切笔刷和自定义笔刷等。

所谓熟练掌握Zbrush，指能够使用多种笔刷组合绘制造型，得到变化丰富的表面效果（图3-85）。每种笔刷的显示模式为红色的两个圆圈，外圆表示笔刷绘制和雕刻实际影响的范围，内圆表示笔刷强度到外圆的衰减位置，笔刷的压力

图 3-83　慕惜珠宝 3D 工作室作品（梦金园项目）　设计师：崔金玉

和作用面支持自主设置，也可以根据自身偏好创建自定义笔刷。为了控制好Zbrush的笔刷工具，手绘板和压感笔是必不可少的绘图工具，作为外接设备安装在电脑上。

（2）高精细化模型表面。使用Zbrush建模时，从雕刻廓型开始，确认大致形体后绘制表面细节，但随着外形的逐步精细，每一次修改操作会造成模型面数和密度同步增加。虽然随着每一次笔刷处理，生成的面越来越多，但Zbrush能处理多达10亿数量的面，代表了软件快速处理高精细化模型的能力。Zbrush绘制的模型，都属于高模，由于保留了太多细节，文件规格较大，电脑配置较低时置入其他软件后反应速度会减慢。

（3）肌理模型贴图化。由于Zbrush处理表面纹理的功能简便、强大，经常被设计师用来制作贴图。而Zbrush也支持雕刻完的高精度模型以及复杂的细节制作为贴图和低分辨率模型输出，并被所有的大型三维软件所识别，辅助其他的三维软件实现低模型、高质感的效果。

图 3-84　Zbrush 中的立体笔刷库

图 3-85　部分 Zbrush 笔刷效果

4. 典型设计案例

设计名称：Plant Planet身体植物园系列

设计师：宋懿

　　该设计为"Plant Planet身体植物园"系列之一，再现显微镜下植物花粉粒的独特造型，设计风格时尚、有趣。耳饰的主体分别以黄花柳花粉粒和宽叶鳞芹花粉粒作为造型来源，表面分布着不均匀的随机凹陷，并在三等分位置有平滑凹槽，适合Zbrush的雕刻表现，结合笔刷和手绘板，控制绘制力度和表面起伏。后期结合KeyShot软件完成简单渲染，并通过尼龙3D打印完成最终实物制作。

　　第一步　在界面中选择Sphere 3D命令，新建一个球体。通过Shift+D快捷键组合进行多次的细分网格，完成操作前的球体准备工作（图3-86）。

　　第二步　选取任意笔刷，按住Ctrl键在球体上画出区域分割的纹理位置。执行时，按住左键转动球体的方向绘制，也可以按住Ctrl+Alt组合键擦掉画错的部分（图3-87）。

　　第三步　继续完善纹理，使纹理进一步清晰、明确。点击笔刷空白处的同时，多次执行Ctrl+Alt组合快捷键，使纹理的外轮廓逐渐清晰（图3-88）。

　　第四步　在屏幕空白处，按住Ctrl＋左键进行区域反选，执行提取功能键，提前调整平滑度和深度，观察提取效果是否符合设计要求（图3-89）。

　　第五步　再次选择Sphere 3D命令，新建另外一个球体，通过Shift+D快捷键组合进行多次的细分网格。拖拽模型坐标轴，使用柔性变形器命令，把圆球变成上窄下宽的蛋形（图3-90）。

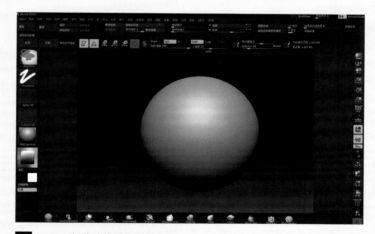

图 3-86　创建球体并细分网格

图 3-87　绘制球体表面纹理

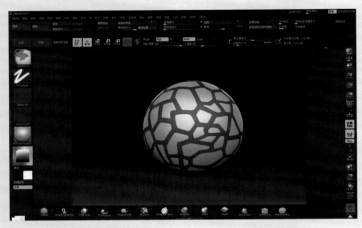

图 3-88　强化纹理边缘轮廓

第六步　点击变换菜单中的激活对称命令，画一条线可以同时获得多个相同线条。选择笔刷命令，调整合适的笔刷大小和强度，按住 Alt 键，挤压出三条分布均等的凹陷平滑槽，绘制时注意保持流畅度（图 3-91）。

第七步　将模型导出为OBJ格式文件，导入 KeyShot进行简单渲染，赋予模型颜色、表面颗粒质感以及光影效果。评估、观察模型的整体效果是否符合设计预期，视图颜色可以作为后期喷漆的参考（图 3-92）。

第八步　将模型文件导入数控软件中分层切片，采用尼龙 3D 打印制作实物模型，经过喷漆上色、金属件装配等环节，完成实物制作（图 3-93、图 3-94）。

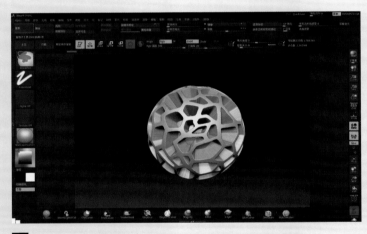

图 3-89　创建不规则凹陷

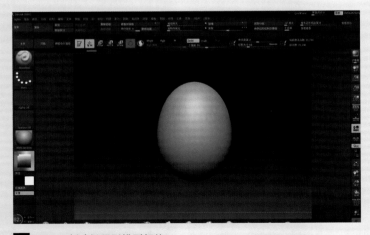

图 3-90　创建椭圆形模型部件

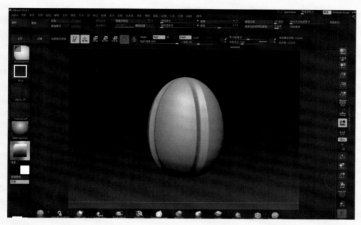

图 3-91　挤压凹陷平滑槽

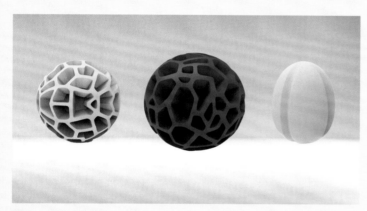

图 3-92　KeyShot 渲染效果图

图 3-93　成品制作实物图

图 3-94　成品模特佩戴效果

（六）KeyShot

KeyShot是LUXION公司在LuxRender的基础上开发的实时渲染应用程序（图3-95）。无须复杂设定，就可以快速创建3D渲染和动画，支持Mac和PC系统上广泛的3D文件格式。首饰设计师经常利用KeyShot便捷的渲染能力，获得优秀的仿真渲染结果（图3-96~图3-98）。

KeyShot是英文The Key to Amazing Shots的缩写，通过互动性的光线追踪与全域光渲染程序，模拟物理环境的光线照明和材质质感，产生逼真的图像品质。同自带渲染功能的三维软件相比，KeyShot的材质更加细腻、真实，通过编辑功能和材质选项，匹配行业标准色彩库。自带照明功能和先进的灯光算法，支持静态图像、动画以及交互式web、移动端等图像输出。最新版本的KeyShot优化了渲染动画，如全景相机动画、变焦动画、多相机切换等。

使用KeyShot时，需要将建好的三维模型导入视图中，在环境选项卡中可以设置环境渲染的各项指标，如对比度、亮度、大小、高度、背景模式等，调整地面阴影、地面反射、地面平坦度以及阴影颜色等信息。相机选项卡包含了场景的相机模式，可以查看6个方向的相机视角，调整距离、方位角度、焦距和视野等。在设置选项卡时，可以修改渲染分辨率、亮度、伽马值

图 3-95　KeyShot 软件界面截图

图 3-96　慕惜珠宝 3D 工作室 KeyShot 渲染作品一　设计师：崔金玉

图 3-97　慕惜珠宝 3D 工作室 KeyShot 渲染作品二　设计师：崔金玉

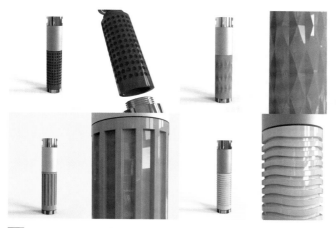

图 3-98　KeyShot 渲染作品　设计师：钟奇

纹理以及支持添加 Logo 标签、符号等。

除 KeyShot 外，该公司还开发了全新的 KeyVR 软件，将渲染模型关联 VR 虚拟现实设备，使设计师可以佩戴 VR 眼镜，在虚拟场景中观察材质和编辑材质，做到交互视觉体验、360°场景呈现、动作控制、细节放大等。

等。也可以调整光线反射，针对反射材质设置场景中光线的反弹次数，细化模型阴影部位的渲染质量、添加细节，设置两个相邻物体形成间接的光线影响，减少出现大面积暗区等（图 3-99）。从材质库拖拽材质到场景中，通过材质球对该材质进一步编辑，如色彩、粗糙度、纹理、折射指数、反射率、透射等细节参数。简单的参数控制不同材质的渲染效果，如金属、皮革、玻璃、液体、油漆、塑料等（图 3-100）。KeyShot 的贴图、通道和标签命令，也能帮助设计师获得特殊的渲染效果，如执行各种贴图模式，获得局部透明、凹凸

（七）三维扫描

三维扫描技术可以帮助设计师快速、准确地将实物模型变成数字文件，无论是首饰复刻还是采用逆向思维为首饰建立三维数字化档案，都可以借助三维扫描技术实现。三维扫描技术发展于 20 世纪 80 年

图 3-99　KeyShot 软件的设置面板

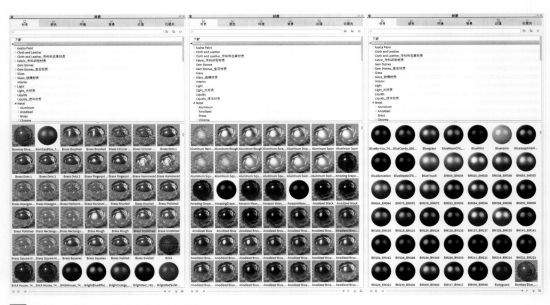

图 3-100　KeyShot 软件的各类材质球

代，主要对物体外形、结构及色彩进行扫描，获得物体表面的空间坐标。该技术通过"非接触式测量"，快速准确获取物体表面的点云数据，扫描仪器配合扫描软件，将扫描到的点云数据集还原成可视的三维模型。扫描原理为识别物体表面普遍的"点"，激光通过光探测目标物，通过感知"点"的距离反馈来测量空间距离，从而创建模型，物体表面上的点越密集，获得的模型越精细。三维扫描技术在电影或游戏的角色设计中，对雕塑、手版进行扫描，在软件中对扫描数据进行修补和优化，获得角色模型；在工业设计领域，三维扫描较多应用于产品的快速检测，对比样品与构思之间的误差，找到改进工艺或方案的方法。扫描过程受到物体特征、扫描设备性能等因素的影响，对于捕捉不全的、形体不足的、存在特征缺失的数据，需要后期手动优化，完成修复工作。可以使用跟扫描设备相匹配的数据修复软件，经过基本的修复设置后，将文件导入其他建模软件中进一步对造型优化。

三维扫描技术种类繁多，如拍照扫描、激光跟踪扫描、固定坐标扫描等，市面上的三维扫描设备也十分多样，品牌、类别、价格参差不齐。在首饰中使用的三维扫描设备，可以分为大型身体三维扫描设备、小型手持三维扫描设备、小型固定式扫描设备三类。大型身体三维扫描设备帮助快速获取对象的身体信息；小型固定式扫描设备，扫描相对稳定、精度高、细腻；小型手持扫描设备，扫描角度更为灵活，设备可移动携带，获取的模型精度较低（图3-101）。不同形态的物体适合使用不同种类的扫描技术与扫描设备，需要根据实际情况以及特殊需要作出准确判断。

美国纽约的珠宝公司Xomox Jewelry有一个特色业务，提供宝石的激光三维扫描。该公司支持测量和扫描几乎所有从0.01～70克拉的宝石，线性精度为0.02mm，角度精度为0.2°，宝石形状包括圆形、公主形、祖母绿、椭圆形、梨形等多种切面宝石。三维扫描宝石为定制服务提供了极大的便利，能够精确到宝石腰部的厚度、刻面数量及其角度、深度。该工作室也鼓励宝石经销商积极将宝石库存数字化，建立宝石虚拟图书馆，以便更快地将他们发送给客户。三维扫描也可以扫描到宝石内部的缺陷，是记录和保存宝石的绝佳工具。

随着技术的发展，未来的三维扫描不仅专用于设计领域，也将越来越多地应用于生活领域。如利用智能手机、平板电脑等设备的摄像头和APP驱动微型扫描设备进行捕捉，完成日常生活中随时随地的三维模型采集、空间采集以及快速打印输出。其中利用手机和平板进行房屋的扫描、测绘，实时生成房屋三维空间模型，就是较为日常化的三维扫描技术。

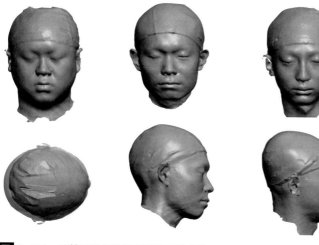

图 3-101　手持三维扫描设备用于扫描人脸

三、首饰二维转三维软件应用

有数字意识的设计师，会开放性探索更多有趣的计算机图像工具，可能很少人使用，但仍然可以整合到首饰设计流程中，启发设计思维、提升工作效率。如谷歌的开源在线艺术创作软件Deep Dream Generator，也被称为"AI迷幻成像软件"，通过算法进行"风格迁移"，计算机自动"分形"并无限循环。网站允许上传图片，然后通过算法处理图像之间的风格转移，机器会自动学习上传图像的风格，自动识别风格特征，通过算法将这种风格特征迁移到另外一张图像上。于是，任何一位拥有独特绘画风格的艺术家作品都可以被机器识别并发生迁移，如颜色模式、笔刷处理方式等。转移风格后的成像结果既迷幻又奇特，支持通过选项数值控制细节变化。目前，该网站支持免费试用，鼓励大家尝试基于机器学习的人工智能艺术创作。

在全球范围的设计领域中，类似Deep Dream Generator这样有趣而又令人惊喜的软件技术有很多，这些软件对使用者非常友好，操作简便且容易上手。设计师需要不断扩展自身的数字技术资源，整合新技术，实践首饰的多元化创新。

（一）在线二维图像转换器

Selva3D是一款将二维图像转换为三维模型的在线图像转换器，支持在线转换指令，不需要下载软件，免费帮助使用者一键快速获得常规的立体效果。该软件由Sur 3D公司开发，生成流程十分简单：在网站注册个人账户后，上传二维图像文件，转换器针对标志、文本、图像、照片自动生成三维模型，并提供STL或OBJ文件格式的模型下载，适合没有软件

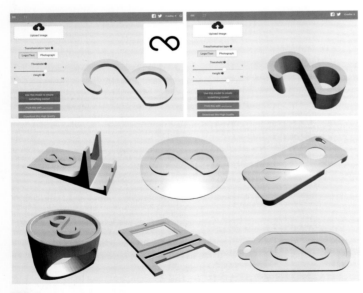

图 3-102　Selva3D 可处理的各种模型效果

基础的人使用（图3-102）。Selva3D的模型光滑、干净，不产生锯齿，但仅限于直面、块状形态，支持360°旋转观察，对于复杂型曲面的生成能力较弱。Sur3D公司也同时为各个品牌提供在线个性化模型获取方案，对接客户产品定制以及个性化体验等业务。

（二）二维图像现实捕捉技术

ReCap是美国Autodesk公司开发的一款根据"点云"和照片进行三维重建的软件，主体功能是查看和编辑激光扫描现实以及捕获数据，应用于景观建筑测绘并实时生成数字模型。随同AutoCAD安装，支持读取扫描记录仪以及无人机航拍的图像。对首饰设计师来说，不需要掌握ReCap复杂的软件内容，该公司提供的"在线云三维转换服务"就可以满足简易的使用需求。

Autodesk ReCap 360 Photo是Autodesk公司提供的照片建模云服务，支持将现实图片转换为可进一步加工的三维模型数据。Autodesk ReCap Photo

的云服务跟三维扫描技术一样属于现实捕捉，不同的是不需要特殊的设备，借助手机拍照就可以完成模型的数据获取。获取的大致流程是：用相机对静态物品360°拍照，把照片上传到Autodesk ReCap Photo的云服务器，ReCap会在云端对照片进行三维模型处理并提供下载。模型的获取对拍照的技术有一定的要求，需要间隔5~10°拍摄一张照片，最好有图像重合，模型的精细度也取决于照片的拍照质量，所以获得质量合格的二维照片，是使用Autodesk ReCap Photo的前提。对于生成后的模型，可以进行去除底面背景等简易编辑，也可以将模型导入到其他三维软件中，完成进一步的优化。Autodesk ReCap 360 Photo的现实捕捉云服务可以在Autodesk的网站上下载并免费试用。有了Autodesk ReCap 360 Photo的帮助，设计师不用担心自己的软件技术水平，只要有建模或三维数据采集的设计需求，就可以借助简单的在线工具，完成设计任务、启发设计思路。

? 思考题

1. 在设计过程中，你是否尝试过使用数字化手段帮助你推进设计的进展？请举例说明。

2. 你认为在设计环节中熟练掌握软件技术，能为设计师带来怎样的帮助？

3. 请谈一谈哪几种软件常用于首饰的三维建模？这些软件有哪些建模特点？

4. 你掌握了哪些二维设计软件或三维设计软件？在使用的过程中，这些软件之间如何相互配合？

5. 在其他设计领域中，还有哪些数字化图像工具？你是否会尝试在首饰设计中使用？

第四章

首饰数字化生产与制作

制造水平一直是推动社会不断前行的基本动力，制造技术的日新月异不仅带来了生产力的变革，也反映了一个国家的发达程度和综合实力。早期的制作方式以手工为主，属于作坊式生产加工，后来发展为机器、工业流水线生产，再到今天自动化逐渐普及，以柔性制造、智能制造为代表的工业4.0时代全面到来，制造技术在现代社会中不断演变。

数字化制造技术指的是制造环节的数字化，建立在计算机软件、硬件、信息技术和网络技术的基础上，是制造业和生产系统不断发展的必然趋势。与传统制造手段相比，计算机技术、网络技术、数控技术、微电子技术是数字化制造的发展基础。随着数字化技术广泛介入机械设计和制造领域，各类数控加工设备层出不穷，大大提升了生产效率，改变了生产思路。CAM（Computer Aided Manufacture）是计算机辅助制造的缩写，能根据CAD（Computer Aided Design）数据模型自动生成可加工的数控代码，对加工过程进行模拟和检验，是数字化制造的基础。CAD属于CAM的前端，用于结构分析、形态优化、仿真展示等文本制作，目的是对接后期生产。而CAM将产品的数字化模型，借助计算机完成生产分析、输出控制等。CNC数控切削技术、3D打印快速成型技术、数控激光雕刻与切割技术、自动数控车花技术等新的制造手段被广泛应用于首饰领域。

数字化制造在提升生产效率和质量控制上明显优于手工，但相较于其他领域，首饰的自动化、智能化水平滞后，生产形式散碎，大型工厂与作坊式组织并存，生产管理受人为因素影响，多为粗放型和经验式。上述现状意味着首饰制造业面向自动化、智能化转型迫切。对于设计师，熟练掌握数字化制作技术，借助先进的数控设备完成制作，能快速获得良好的制作效果，辅助实现多元化的设计想法。

一、模型数据与生产优化

借助各类软件建模是数字化制作的加工基础，准确地建造数字模型以及严格的数据控制，是确保制作可行性的重要前提。软件建模可以帮助设计师掌握生产信息，评估制作可行性，如在JewelCAD或Matrix软件中，测算首饰重量、体积、宝石规格等重要参数，确定技术指标和预算控制。使用3D打印技术快速获得实物样品，完成模型的真实验证，如尺寸、架构、佩戴舒适度等。此外，设计师还要在建模阶段进行结构和输出工艺检验，如可行性分析、可装配性分析、结构和部件的验证等。对用于生产的首饰模型，需要遵循生产规律，掌握输出技巧，积累数据经验。即便获得了实物样板，也需要反复检查、对照，如果生产效果不理想，出现破损、变形、细节损失等，需重新检验模型数据的合理性。

（一）数字化建模与宝石镶嵌

宝石镶嵌是首饰中的常用要素，用于表面装饰，深受大众喜爱。首饰镶嵌的种类繁多，针对不同宝石形状有包镶、爪镶、钉镶、轨道镶、虎爪镶、创意镶嵌等。宝石镶嵌的数字化建模涉及较多数据控制，设计师需要了解各类镶嵌的内部结构，规格数据，为加工做好准备。数字化制造的镶嵌，需要与手工配合，模型准备要遵循镶嵌的制备规律，做到最佳的生产尺度。

1. 包镶建模

包镶是最常见、最稳固的镶嵌方式，采用金属边四周包裹宝石的镶嵌原理（图4-1、图4-2）。刻面宝石、弧面宝石均可包镶，但太过小粒的宝石并不适合此类镶嵌。包镶的建模需要露出刻面宝石的冠部与台面，充分展示宝石，包边的厚度不小于0.5mm，一般为0.5~0.8mm，包边过薄会造成铸造失败或镶嵌时破边。弧面宝石的包边高度一般在宝石的1/3处（图4-3）。包边需要与宝石相交，这样铸造出来的实物镶口能通过车坑，将宝石牢牢嵌住。同理，如果包边不与宝石相交，铸造出来的镶口可能过大，无法嵌住宝石。

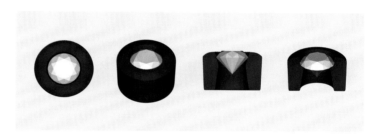

图4-1 圆形刻面宝石包镶建模

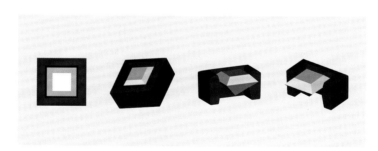

图4-2 方形刻面宝石包镶建模

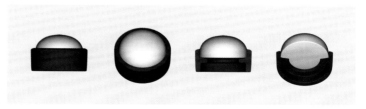

图4-3 圆形弧面宝石包镶建模

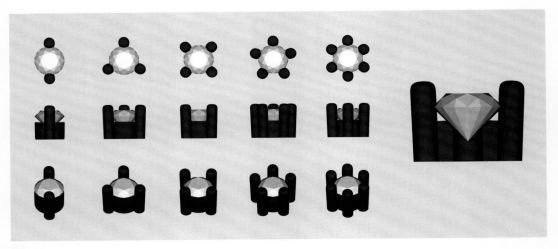

图 4-4　二爪镶、三爪镶、四爪镶、五爪镶、六爪镶建模

体积较大的宝石可适当增加包边的厚度，对宝石形成更强有力的保护。包镶直径较小的宝石，底部石孔可以用梯形石孔，开阔的梯形空间能减少后期打磨的难度，镶嵌直径较大的宝石，可以采用垂直石孔。如果包镶仅用于模型建造，可保留宝石渲染输出，如果用于后续生产，输出前需要删除宝石，仅保留镶口。

2. 爪镶建模

爪镶也是常用镶嵌之一，金属爪紧紧固定宝石，遮盖较少，能充分展示外观。爪镶的种类按照爪的数量可以分为二爪镶、三爪镶、四爪镶、五爪镶、六爪镶以及创意爪镶等

（图4-4）。爪的形状也有各种类别，如圆形、心形、三角形、方形等。往往宝石体积越大，爪的数量也越多、越粗。

建模时，金属爪要高出宝石0.6mm以上，在不遮挡宝石的情况下，高起的金属爪可以保护宝石免受剐蹭。爪和宝石要相交0.2mm，输出时删除宝石，仅保留镶口。镶嵌较大直径的宝石，金属爪的高度可稍微增加，为后期剪爪留出余量。虎爪镶可后期手工将爪一分为二，但建模时不需要分爪，避免后期铸造、压胶模时糊在一起，如果仅用于渲染展示，可利用软件命令完成分爪（图4-5）。

3. 轨道镶建模

轨道镶是利用金属卡槽卡住宝石腰部固定的镶嵌方法，视觉效果规矩、整齐，圆形、方形、梯方形刻面宝石均可，条状排布或田字排布。轨道镶建模节省了修整金面、车石坑等手工环节，但仍需要手工校准石位以及锤打金属边，利用延展性固定宝石。建模时，金属边距离宝石至少0.6mm，输出时方形宝石之间需要余留0.1mm的间距，预防宝石尺寸有误差并为铸造缩水留出余量，仅用于模型展示则不需要预留缝隙（图4-6）。圆形宝石之间需设置0.15mm的间距（图4-7）。轨道镶建模时

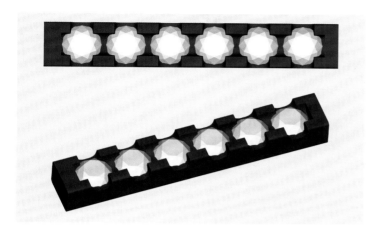

图 4-5　未分爪的圆形刻面宝石虎镶建模

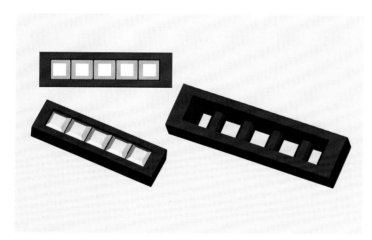

图 4-6　方形刻面宝石轨道镶建模

图 4-7　圆形刻面宝石轨道镶建模

石孔槽底需按照宝石的形状和大小制作，既要托住宝石，不让宝石下落，还要保证其面的平整。

4. 钉镶建模

钉镶多用于群镶小颗宝石，镶嵌原理是在金属底面开石孔，宝石放入石孔后，在周边金属上铲出钉爪以固定宝石，具体步骤为排布宝石、开石孔、落入宝石、铲钉固定等。传统钉镶采用全手工，从排布宝石、开石孔、铲边再到铲钉镶嵌由人工完成。建模时，可以利用软件的自动排石功能快速排布宝石，并开好石孔，帮助镶嵌师精准定位，铸造完成后，再由镶嵌师手工铲钉、吸珠（图4-8、图4-9）。

K金材质钉镶时，模型可以开石孔，也可以不开石孔，但一定不要在模型上铲边，输出时删除宝石的同时也要把钉爪删除。银材质钉镶时，建议在模型中开好石孔，制作铲边，输出时删除宝石，可以不把钉爪删除，为后期镶嵌节省时间。

钉镶的排布分为二钉镶石、四钉镶石、五钉镶石

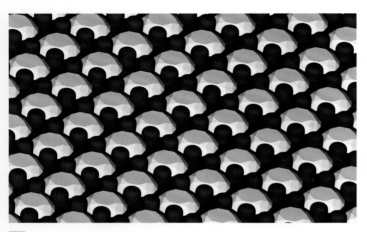

图 4-8　平面满铺钉镶建模细节

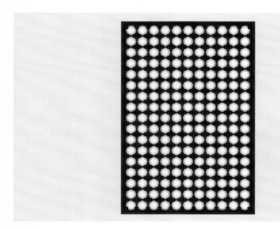

图 4-9　平面满铺钉镶建模

等，铲边和不铲边均可，铲边至少预留出0.45mm的边（图4-10）。建模时，石钉的直径约为0.4~0.6mm，钉高出宝石顶面约0.25mm，且与宝石相交0.05~0.1mm。石孔大小根据宝石尺寸而定，石孔形状跟随宝石底部形状，较多放置在宝石亭部斜边的2/3处，宝石越大，石孔越深。石孔底金的厚度应大于0.6mm，石孔是否打穿，根据镶嵌形体的厚度而定，打穿的石孔透光性更好。钉镶不宜镶嵌体积较大的宝石，尺寸控制在0.8~2mm为宜，否则宝石较大容易脱落，宝石过小影响整体闪烁度。除了钉和石孔外，钉的摆放位置和石头的间距也需要按照一定的规格排布，二钉镶石的宝石间距为0.2mm；四钉镶石时钉与钉的间距为0.2mm；五钉镶石的宝石间距为0.8mm，宝石之间的空余处插入圆钉填补。群镶排布时宝石间距0.2mm，遇到空余处无法安插宝石可多设置钉位，确保镶嵌的饱满度（图4-11）。

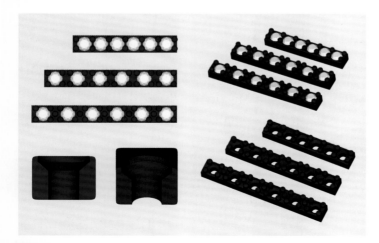

图 4-10　二钉镶石、四钉镶石、五钉镶石建模以及石孔剖面图

5. 闷镶建模

闷镶是在镶口边上挤压金属并压住宝石的一种工艺，宝石四周没有铲边，光洁平整，多用于小粒宝石镶嵌。由于闷镶需要敲击宝石四周，利用金属的延展性嵌住宝石，所以以单粒稀疏、分散排布，整体视觉风格较为朴素。建模时，石头间的距离至少为0.6mm，宝石的尖底必须藏入金属内，不会因为漏出而造成人的划伤或宝石尖部破损（图4-12）。

图 4-11　曲面满铺钉镶戒指建模

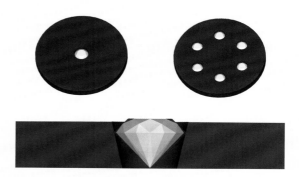

图 4-12　闷镶建模及石孔剖面图

（二）数字化输出参数与准备

1. 数字化制作输出流程

数字化介入的首饰制作流程可分为两类：一类以金属材质为主，经过三维建模、3D喷蜡、铸造、打磨、镶石、抛光、电镀等过程，如果涉及批量生产，还需要增加样品压制硅胶模具、批量唧蜡、批量铸造等环节。首饰建模时注意输出参数的检查，确保后续制作的成功率，如在精细度、尖角与夹层处理、缩水率、添加支撑等方面进行评估检验，将模型调整至最佳状态。另一类以3D打印或数控CNC为主的制作过程，从三维建模、数控加工、清理、打磨、喷漆上色再到组装，需要结合首饰形态特征，针对性添加支撑、加工排版、工艺评估等内容检验。

2. 精细度控制

用于数字化制作的三维模型，在精细度控制上要注意以下情况：形态不能过于纤细，否则在后期打磨中易发生变形或折断；处理高低位造型时，最小高度差为0.5mm，否则经过缩水或打磨，会减弱高低位的层次；造型中带有小缝隙镂空时，缝隙大于0.5mm；在模型上制作字印，文字凹陷或凸起高度最少0.4mm，否则文字过薄，最终成品经过喷蜡、铸造、打磨等多个工序后，将无法显现或显现不全。

3. 尖角与夹层控制

模型中出现尖角缝隙，金属液会流动不充分，易造成铸造缺陷，压制胶膜时缝隙过细会开模断裂，工具无法伸到尖角处造成打磨、抛光不充分等。建模时，遇到尖角形态应修改为轻微圆角，且在保证视觉效果的前提下尽量扩大圆角的角度。遇到上下夹层，尽量扩大层的间距，预留出后期加工空间。

4. 缩水率和加工余量控制

从建模初始到实物获得，需要考虑铸造缩水率以及执模、抛光工序中的损耗。仅是单件样板制作，不涉及压胶模和批量生产，缩水率较小，可以按照1:1.015或1:1.03的比例放大，如果需要压制胶模，缩水率和打磨余量约为4%。建模时可以先按照1:1原尺寸建造，观察造型无误，再建造放大版用于后续生产。另外，同一款式不同部位的缩水率也有区别，不同结构和材质的缩水率也有细微不同。如果首饰成品对于尺寸精度要求很高，后期打磨、抛光的损耗也需要增补到模型建造中，一般为

0.1~0.6mm。

5. 添加连接和生成支撑

在首饰模型上添加连接，一是防止某些部位连接不实，影响铸造（图4-13）；二是防止细小形体在后期喷蜡、溶解支撑、铸造等环节发生破损（图4-14、图4-15）；三是防止轻薄且空间跨度较大的形体，后期打磨用力按压产生变形（图4-16）。设置合理数量、位置的连接需要依靠长期的生产经验。通常有如下原则：在保证加工效果的前提下，添加

连接的数量越少越好，减少后期清理连接的工作量；首饰工件形态越复杂、越大，添加连接的难度越大，需在铸造中反复调整；连接的形状优先选择流动更为顺畅的圆形切面；添加连接的位置要易于清理和打磨，不能添加在关键部位、主体部位或细节多的部位。

除连接以外，添加支撑也是建模阶段的重要内容。支撑是模型制作的伴生品，会造成材料浪费、增加打印时长以及去除支撑时对工件表面产生破

图4-13　模型相交不实时添加的连接

图4-14　防止掉爪的连接（一）

图4-15　防止掉爪的连接（二）

图 4-16　防止后期变形的连接

坏，但添加支撑对制作的成功率会产生较大影响。以打印光敏树脂为例，如果底部支撑不稳，设备刮刀来回移动时会把模型拉倒；在金属打印过程中，如果支撑添加不合理无法对抗金属应力，造成翘起等不良现象。如果采用3D喷蜡输出，模型需要添加白蜡支撑，但添加环节可以在数控软件3D Print中自动完成。在其他型的3D打印中，涉及的支撑种类有悬垂支撑、内部支撑、应力支撑等。用于支持悬垂和有跨度的结构，打印过程中帮助模型始终站立、稳固、不发生偏移、倒塌等。另外，内部填充的支撑也可以有效支撑表面，空心的模型处理还能节省打印时间和打印材料（图4-17）。

由于数字化制作技术的不断发展，大多数数控软件会自动评估形态，自动生成支撑，节省人力的同时确保打印成功率，降低了技术门槛。如专门针对快速成型的辅助软件Magics，软件提供了自动生成块状、线状、点状、网状、轮廓、锥形、树形等形式的支撑。自动添加支撑后，仍然需要人工检查是否出现支撑不稳，可以人工增补添加等。

图 4-17　使用 Cura 软件进行切片以及自动生成内部支撑

二、首饰 CNC 数控加工技术

（一）首饰CNC雕刻技术

1. 制作原理与方法

计算机数控技术具备反应速度快、加工精度高且重复性、稳定性强等加工特点，能高效、优质的实现复杂加工。其中，CNC数控技术（Computerized Numerical Control）是利用计算机对机械进行控制，实现加工目的的一种数字化制造技术。该技术发展于20世纪中期，通过计算机发出程序指令，控制一台或多台机械设备完成加工动作，机床运动带动刀具运动，通过刀具的切削，以"减材"的工作原理，一层一层将毛坯料加工成模具或成品（图4-18）。近几年，中国CNC数控技术水平发展迅速、应用广泛，国产数控设备已经达到了稳定实现0.1μm给进量以及1μm切削量，支持硬材料镜面抛光，表面粗糙度小于10nm。其中三轴设备加工精度小于8μm，五轴设备加工精度小于10μm，适用于多种场景和切削方式：如铣削、车削、磨削、抛光、刮削、打孔等，确保生产效率的前提下，做到高精准加工。

CNC数控技术较多用于首饰金属样板制作、多材质表现以及表面车花加工等，面对各类材质表现出了强大的自动化能力。CNC数控技术涉及如下操作流程：在软件中制作三维模型，将模型导入设备识别的数控软件中进行分层，同时设置加工路径、刀具种类、给进量、切削方式、主轴转速等信息；设置完成后，将加工指令传输到控制设备的计算机中，设备开始工作，主轴高速旋转带动刀具，控制工件和刀具的相对运动，完成点控制切削、直线控制切削和轮廓控制切削等加工命令（图4-19）。

CNC数控加工的切削是逐层完成的，刀具根据模型分层后的切片路径运动，刀具的给进方式和刀具形状根据加工材料、加工阶段、加工形态有所差异。在加工过程中为了降低切削温度，使用切削液冷却、润滑和洗涤，加工木头或蜡等软材质则不需要切削液。

CNC数控加工需要依靠高性能的机床设备，可以从精度指标、运动指标和功能指标进行选择。其中精度指标包括定位精度，如系统控制部件到达的位置和指令要求位置的误差，以及设备控制的最小位移等。运动性能指标包括主轴的转速和功率，用来控制刀具的旋转速度以及伺服器系统控制的给进速度。运动性能包括坐标轴加工范围，也是加工工件的最大尺寸。功能指标指加工轴的数量，如三轴、四轴、五轴、六轴、七轴等，轴数越多可加工工件的形体越多样，设备越复杂。X轴、Y轴和Z轴是常见的坐标轴方向，围绕X、Y、Z运动的旋转轴分别为A轴、B轴和C轴，这样机械加工就具备了六种自由度（图4-20）。

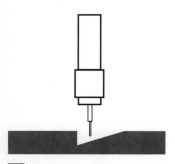

图 4-18　CNC数控切削加工的"减材"工作原理

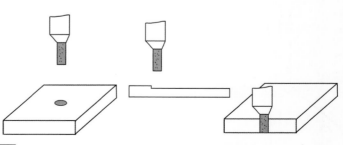

图 4-19　点控制切削、直线控制切削和轮廓控制切削

大部分CNC设备善于加工浮雕式造型，但随着大型CNC加工中心的普及，五轴、六轴、七轴数控设备逐步发展，使得加工自由度越来越高。首饰多为曲面立体形状，采用多轴联动的数控设备，拥有更广阔的加工空间。自动换刀也是功能指标的重要内容，提升了便利性和自动化程度，能一次完成较多加工内容。近年来，专门针对首饰类的数控雕刻设备层出不穷，同时兼备雕铣、车花、镶石等功能，被广泛应用于首饰生产与批量制作。

2. 材料种类与特性

（1）金属。CNC成熟、稳定的数控加工能力支持在各类金属上完成精细的轮廓切割、图案镂空、浮雕造型、三维造型等切削制作（图4-21、图4-22）。金属类CNC多用于模具和零件制造，且对设备要求较高，如主轴转速、刀具硬度和加工精度等。可用于加工的金属种类有不锈钢、铜合金、钛合金、铁合金、铝合金、锌合金等，每种材料的性能，决定了加工参数及后处理工艺。不同硬度的金属对刀具和设备的要求也千差万别：如铝合金硬度低，切削控制较为容易，所需加工功率低，可设置较大范围的给进量；钛合金的硬度较高，加工时间久，对刀具的硬度要求高，需要经验控制主轴的转速和刀具的稳定性。对于贵重金属材质的CNC切削，设备需要具备良好的回收系统，降低加工损耗和浪费，设备的精度控制能力更加优良。

（2）首饰蜡。CNC数控技术可直接用于首饰蜡的雕刻，被称为机械雕蜡技术，能快速加工首饰蜡模，以备铸造和批量生产（图4-23、图4-24）。由于蜡的质地很软，切削较为容易，设定好刀具形状、刀具组合方式、主轴转速、刀具给进量等参数后，使用夹具固定蜡板和戒指蜡工件，即可开始进行粗加工和精

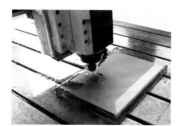

图 4-21 CNC数控切削加工钛合金镂图案

图 4-22 CNC数控切削铜合金浮雕

图 4-23 平轴数控机械雕蜡

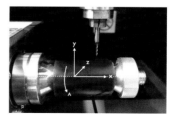

图 4-24 转轴数控机械雕蜡

图 4-20 CNC数控切削的六种加工自由度

加工（图4-25、图4-26）。以日本罗兰桌面雕刻机JWX系列的机型为例，拆卸操作台面就可以在平轴加工和转轴加工之间切换，雕刻精度可以达到0.01~0.02mm。如果首饰工件体积较大，3D喷蜡材料成本过高时，可以选择CNC分件雕蜡以提高制作效率、节省成本。

（3）其他材质。CNC数控技术常用于木头、亚克力、贝壳、玉石的材质雕刻（图4-27~图4-29）。CNC软质材料的加工，设备性能要求低，应用更为广泛。除了在家居装饰中常见的木浮雕装饰以及亚

图4-25 转轴数控机械雕蜡粗加工蜡模

图4-26 转轴数控机械雕蜡精加工蜡模

克力器具雕铣、裁切外，数字化加工逐渐渗透到传统的玉石雕刻中，提高加工进度，缩短制作周期，逐渐摆脱复杂雕刻受工人技艺和审美的影响，降低了加工门槛。

3. 常用设备介绍

（1）MiniMiller系列五轴小型数控机床。Modia Systems Corporation是一家专门生产数控设备的日本制造

图4-27 CNC数控加工木质浮雕

图4-28 CNC数控加工亚克力浮雕

图4-29 CNC数控加工贝壳浮雕

公司。其中MiniMiller系列中的MM100EX型号机床是高精度、紧凑型的数控雕刻机，最高转速为6万转每分钟。具有五轴同步雕铣功能，可加工陶瓷、钛、铜以及贵金属。此外，还可以用作字母、标记的雕刻，处理区域有倾斜轴变化，让加工从水平、垂直，再到倾斜之间连贯顺畅。该设备使用特殊刀架实现牢固、精确的刀具夹持，并支持使用不同直径的夹头。

（2）Patron CNC数控系列机床。德国的Patron公司成立于1969年，20世纪80年代开始涉足制造系统，基于高速主轴，制造精密的小型复杂零件。Patron开发有多种系列的数控整机设备，如Datron neo、M8 Cube、M10 Pro、MLCube、Patron C5等型号。其中Datron neo最多支持24个自动换刀器，M8 Cube最多支持30个自动换刀器，而MLCube最多支持45个自动换刀工具，为一次性生产提供了极大便利。可针对钢、铝、石墨和塑料等材质进行加工，其中Patron C5是专门针对珠宝、钟表和眼镜加工的

小型整机设备。

4. 制作特点与注意事项

（1）刀具的组合与选择。对于切削加工来说，刀具的选择、组合非常重要。某一机型会使用统一规格的刀具，刀头的形状、角度、粗度各有不同，需要特殊刀具，可以使用磨刀设备进行定制。刀具寿命与切削用量有密切关系，材质硬度要高于所加工物件。刀具按照加工方式和用途分为车刀、孔刀、铣刀、拉刀、螺纹刀、齿轮刀等，每种都有细致的功能分类，不同的刀具配合设备的运动路线，切削出不同的造型效果（图4-30）。车削刀具经历了从高速钢车刀，到焊接式硬质合金车刀，再到多轴控制可转位刀具三个主要发展阶段。常用材料为高速钢、硬质合金、陶瓷、金刚石等。

另外，不同刀具形状会有加工盲区，需结合工件评估：如刀头的高度低于切削凹陷的高度；刀头的粗度小于切削宽度；尖头刀无法切削带有一定深度的直角；刀具直径会影响内部凹陷的夹角锐利度等（图4-31）。

（2）后处理特点。CNC切削后的工件表面会产生刀具纹路，纹路的明显程度跟设备的加工精度与稳定性有关，也跟加工环节有关。粗加工环节刀纹明显，使用钻石刀完成抛光及精加工环节后，刀纹消失，获得高亮度的精细表面（图4-32、图4-33）。只要加工时间充足、设备精度支持，都可以获得良好的加工效果。如果设备精度不够，可根据不同材质，手动或使用自动化设备进一步打磨、抛光。

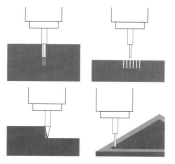

图 4-31 CNC 数控加工刀具加工盲区与注意事项

图 4-32 CNC 数控加工中粗加工可见明显刀纹

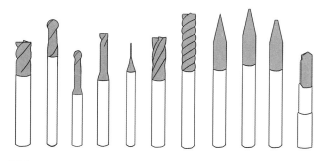

图 4-30 CNC 数控切削加工的刀具

图 4-33 CNC 数控表面精细加工效果

5. 典型制作案例

设计名称：Fly Wings

设计师：宋懿

该项饰体型较大、形态起伏复杂，主体形态对称，中间带有旋转连接结构，如果依靠手工雕蜡，造型表现难度大，必须依赖技师的审美和造型经验。为了保证造型效果进行三维建模，使用CNC数控技术制作铝合金模具，翻制蜡模再分件铸造，经过焊接、组装、镶石、打磨、抛光与电镀完成整个制作过程。开始制作前，设计师使用CNC切削亚克力，验证外观和观察佩戴效果。

第一步　使用JewelCAD软件完成三维建模，利用软件进行360°观察。确认效果后删除宝石，将数据文件输出成STL格式以备后期加工（图4-34）。

第二步　将STL格式文件导入CNC数控软件JD paint中进行参数设置，设置的内容包括确认加工路径，指定刀具种类和配合方式，根据铝合金硬度设置粗加工以及精加工的给进切削量（图4-35）。

第三步　将铝合金板固定在加工台上，在刀架上装备好平头铣刀和球形刀，先使用平头铣刀铣出平整的金属面，确保工件顶面处于水平状态（图4-36）。

第四步　按照设定的刀具路径，使用球形刀具完成粗加工与精加工。造型以凹陷曲面为主，选择直径3mm的球形刀具，表现造型的精细转折（图4-37）。

第五步　铝合金模具加工完成后，凹陷部分进行简单手动抛光，使得金属表面光洁，后期使用模具制备蜡模，表面粗糙会增加脱模的难度（图4-38）。

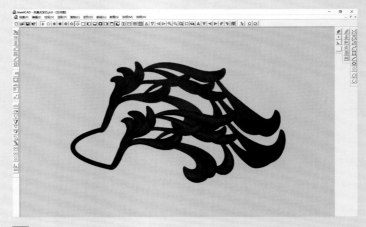

图 4-34　JewelCAD 完成三维建模

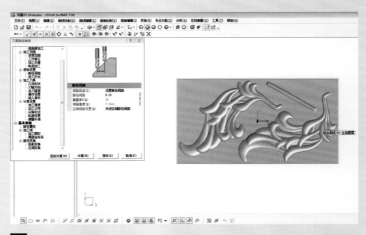

图 4-35　数控软件中调整加工参数

图 4-36 铣平金属表面

图 4-37 完成粗加工和精加工

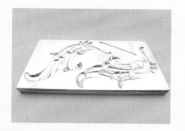

图 4-38 模具表面抛光

蜡模（图4-39）。

第六步 将铝合金模具放在加热台上，底部加热的同时，缓慢倒入熔化的蜡液。蜡液倒满至溢出，表面加盖厚金属板压制，冷却后敲击模具脱蜡，获得主体造型的

第七步 由于造型体积大，将其分切为三部分进行分体铸造，获得金属件后焊接合并。在圆柱形模具上锤打弯曲，完成打磨、镶石等后续工序（图4-40）。

第八步 左右两个主体分件经过清洗、抛光和电镀，获得最终实物效果（图4-41）。测试后部的旋转连接结构，并佩戴在模特身上观察整体效果（图4-42）。

图 4-39 使用模具翻制蜡模

图 4-40 铸造后表面镶嵌宝石

图 4-41 加工制作的成品

图 4-42 模特佩戴成品效果

（二）首饰CNC车花技术

1. 制作原理与方法

首饰车花本质上属于CNC切削技术的一种，采用"减材"的制作原理，仅作用于首饰表面进行装饰加工，通过高速旋转的铣刀在首饰表面雕刻出各种纹路与图案。CNC数控设备既擅长立体雕刻，也支持各种表面车花和精密切削，唯一不足是在批量能力上有待进一步提高，且加工成本较高。首饰专用车花设备针对批量车花，体型小巧、价格便宜，能多轴联动，依靠二维路径控制以及不同刀型的变化获得各类车花效果。但加工范围有限，加工性能无法跟大型CNC加工中心相媲美。市面上，拥有CNC数控设备的厂商也承接表面车花业务，也有较多首饰车花设备兼具CNC的加工能力。

跟激光雕刻获得的首饰表面纹理不同，车花获得的纹路光洁、明亮，配合不同形状的铣刀，切削出深浅不一的刻痕，层次感丰富（图4-43）。传统首饰车花多由人工操作，受工人操作水平限制，在重复性的标准生产上有待进一步提高。随着CNC数控技术的普及，计算机控制逐步替代人手控制，用更精细化的生产方式提高效率。常规设备切削的深度范围为0.02~0.1mm，切削过浅，切削纹路不明显，切削过深，造成金属材料的浪费。

由于车花的表面纹理细腻、切削量小，要求铣刀高速转动的同时位置移动稳定，丧失速度和稳定，会出现粗糙、不清晰、带毛刺等不良现象。现有车花设备同样按照加工轴进行划分，加工维度越多设备成本越高，部分机型为了提高生产效率采用双刀具工作，极大提升了产量。

2. 材料种类与特性

在首饰批量生产中，各类金属都可以应用数控车花技术，如黄金、K金、铂金、银、铜等，只是不同的加工

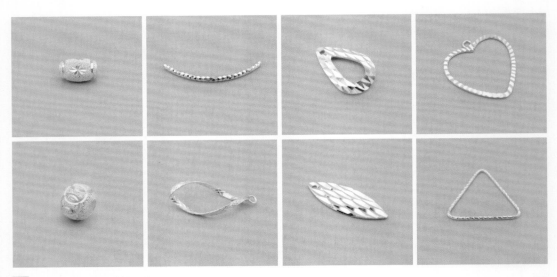

图 4-43　数控批花首饰配件

材质对于设备回收系统要求不同。较多车花设备也擅长加工各种金属材质的Logo或标牌。

3. 常用设备介绍

（1）Sur-Mark多轴车花数控设备。Sur-Mark是一家在1970年创立的土耳其数控设备制造商，2000年进入首饰行业。该品牌首饰数控设备以中小型为主，可装载11把刀具，且支持自动换刀以及工具复位探头完成反复加工。为了在加工期间更好地预览过程和制作效果，该设备支持动画模拟和成品模拟。

（2）Osmanli Machine首饰车花数控设备。Osmanli Machine也是一家专注首饰领域的数控机床制造商，于1996年创立。设备较多针对戒指和手镯的表面切削车花，采用高速自动换刀旋转电机，制作图案、雕刻、切割、钻孔等。配备4~8个刀架，主控的双C轴180°内旋转，通过这个工作角度，制作出不同的线条和车花效果。

4. 制作特点与注意事项

（1）后处理加工。数控车花时刀具高速旋转，切削的纹理均为高亮表面。车花后的首饰为了维持光亮度的持久性，需要进行电镀，但对于贵金属材质，车花后不需要电镀。

（2）刀具的开发与组合使用。首饰车花需要使用不同形状的刀具，获得变化多样的纹路（图4-44）。如平衡刀，以刀杆中心为中心，刀尖旋转一周得到首饰花纹效果。刀具角度的进深和切削角度设置，会出现不同的纹理效果，如尖刀、平刀、梯形平刀、R刀、牙刀等。尖刀用于切削V型槽，用于"满天星"的纹理制作；平刀用于车底纹，获得基底纹路；梯平刀用于加工梯形槽；R刀用于向内圆弧；牙刀用于加工齿状底纹。一件首饰可搭配不同规格刀具，获得层次丰富的表面效果，设计师还可以根据花纹需求，开发新的刀具形状。

（3）位置偏移和调试弥补。数控车花过程中，控制与实施切削受到刀具轴心对位偏差、工件固定偏移、设备振动、下刀高度误差等因素影响，上述误差，需要在调试设备以及路径规划时进行弥补。车花效果的验收，多依赖人工核验，只要能够在视觉接受范围内都视为加工成功。

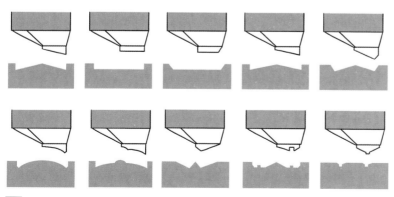

图 4-44　各类车花刀具产生的车花效果

5. 典型制作案例

设计名称：New Amber

设计师：朱美溏、王辛煜

该设计是一款左右不对称的纹理耳饰，使用几何造型搭配镶嵌弧面蜜蜡，半圆表面布满纹理，间距均等，呈现秩序感与装饰性。由于纹理间距均匀，深度、宽度精细，不适合采用铸造方式，会出现打磨不到位、纹理缝隙磨损以及铸造不全等制作风险。采用CNC数控切削技术，仅加工首饰表面，利用三轴数控设备以及刀具操作，还原装饰纹理的均匀度和精细感。

第一步　使用JewelCAD软件建模，在软件内测算重量，如果重量过重，可调整规格。模型建造完成，删除宝石和耳针，准备3D喷蜡和坯底铸造（图4-45）。

第二步　使用Illustrator软件绘制矢量纹理路径，用于后期切削控制，图形外轮廓需跟坯底规格一致，隐去宝石镶口部分的路径，保存为矢量格式文件备用（图4-46）。

第三步　模型通过3D喷蜡、铸造获得坯底，原始铸造件表面粗糙、凹凸不平，先人工打磨和简易抛光，金属件表面光洁、无瑕疵后准备上机（图4-47）。

第四步　将路径导入数控软件JD paint中设置粗加工、精加工环节的刀形、切削深度以及切削量等。使用直径0.6mm平刀，刀具直径小、金属硬度高，设定吃进量0.05mm，防止发生断刀（图4-48）。

第五步　开始加工前准备，按照耳饰轮廓，在树脂

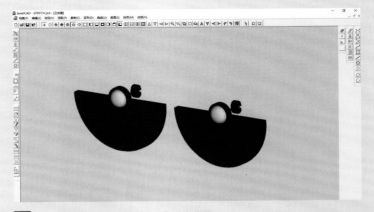

图 4-45　使用 JewelCAD 完成耳饰建模

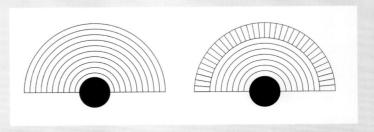

图 4-46　绘制矢量纹理路径

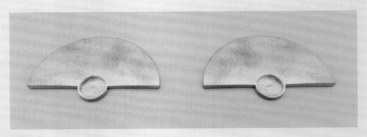

图 4-47　准备耳饰金属坯底

底座切削开槽，固定异形坯底，槽位深度为1mm，使用胶锤轻轻击打即可嵌入固定。确保加工时不发生偏移和颤动，也可滴入少许胶水加固（图4-49）。

第六步 固定坯底后，使用直径3mm的铣刀铣平金属面，防止纹理切削时深度不均匀，不需要设置较大进深，只

确保刀具与金属面各处均发生接触即可（图4-50）。

第七步 找平结束后，设备按照参数设置，逐层切削。切削时需观察设备运行情况以及刀具情况，坯底是否始终牢固，不发生偏移，同时检查切削情况（图4-51）。

第八步 切削完成后，将工件取下，检查切削效果是否良好。金属件焊接耳针后进行清理和简易抛光，完成表面电镀与镶石，获得纹理细致的成品件（图4-52）。

设计名称：肌理戒指

设计师：宋懿

开口戒指表面布满错位起伏的肌理，采用CNC数控加工技术进行表面车花加工，切削后的闪光面增加金属的闪烁度和装饰感。由于是单件案例制作，采用五轴CNC切削设备完成表面加工，选择铜质材

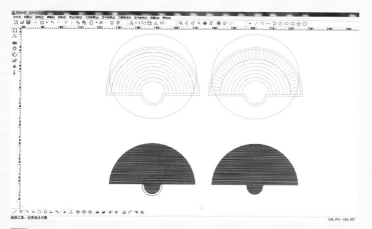

图4-48 使用数控软件设置加工参数

图4-49 切削出固定槽

图4-50 铣刀铣平金属面

图4-51 逐层切削纹理并观察

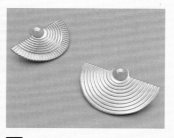

图4-52 成品制作效果

料，切削成型后表面电镀，强化车花肌理的光泽感。

第一步　使用Matrix插件进行三维建模，1∶1建造戒指表面的肌理错位和起伏。建模完成后将模型进行简单渲染，观察、评估整体效果（图4-53）。

第二步　将模型导入数控

软件JD paint中，进行切片分层，设置粗加工和精加工的切削方式、刀具形状、给进量，利用JD paint模拟刀具路径和加工时间（图4-54）。

第三步　设置完毕，数据导入设备的操作主机，将戒指坯底的开口焊接，固定在转轴上。切削前需校准戒

指夹具的圆心，再把戒指锁在夹具上，校正戒指的摆动中心（图4-55）。

第四步　使用4mm直径的平底铣刀完成粗加工，切削量为0.2mm，需要预留0.04mm的余量进行后续的精加工。加工时刀具按照路径来回运动，同时转轴转动配合刀具完成切削任务（图4-56）。

第五步　粗加工后，戒指纹理呈现大致廓型，但肌理粗糙，可使用放大镜观察效果。精加工环节会使表面车花充分呈现，由于车花的纹理特殊，需要更换切削刀具（图4-57）。

第六步　使用精加工刀具，将粗加工预留的余量在精加工环节中充分去除。精加工结束后，获得与三维模型表面效果一致的切削工件，上机制作完成（图4-58）。

第七步　从设备上取下加工完的戒指，把开口部位的焊接点打开。由于表面纹理细密，可以使用放大镜观察整体切削效果，获得CNC车花戒指完成品（图4-59）。

第八步　切削完的戒指

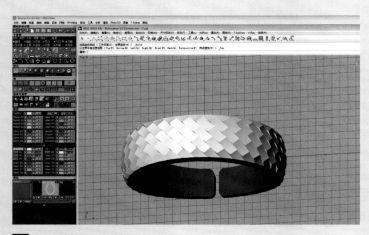

图4-53　使用Matrix建模

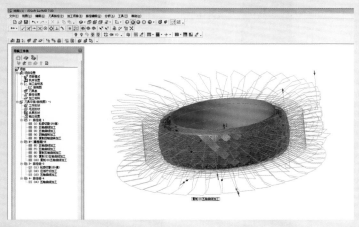

　图4-54　使用数控软件设置加工参数

需要经过清理、内壁打磨、抛光等后处理工序，表面电镀后，完成全部制作流程。电镀不影响表面纹理切削的闪亮度（图4-60）。

图 4-55　校正戒指坯底的摆动中心

图 4-56　粗加工切削效果

图 4-57　选择精加工刀具

图 4-58　精加工切削效果

图 4-59　打开戒指的焊接开口

图 4-60　电镀后成品制作效果

三、首饰 3D 打印技术

3D打印也被称为快速成型技术（Rapid Prototyping），起源于19世纪末的美国，并在20世纪80年代得到广泛发展和推广。3D打印技术是一种通过计算机控制，将材料逐层添加，固化成微小厚度的片状实体，再采用聚合、熔融、烧结等手段使各层堆积成一体，最终制造出三维实物的生产技术。3D打印是数字化信息技术、材料应用技术、机械控制技术、光学技术的融合，影响未来生产模式与生活方式。

在工业、医疗、汽车、艺术、建筑、食品、航天等领域3D打印扮演着越来越重要的角色，催生新机会的同时，也带来了新的挑战。在航空、航天领域，3D打印广泛用于外形验证、产品制造和精密零配件生产；首款全3D打印混合动力汽车已经成功问世；3D打印混凝土建筑，通过层叠方式建造建筑外观；3D打印广泛应用于制造体外医疗器械，具备生物相容性的人体骨骼、

器官以及细胞打印等。2019年4月，以色列特拉维夫大学研究员宣布成功使用人体细胞制造出首颗3D打印心脏，打印材料来自患者本人的人体细胞。随着技术的发展，3D打印不再局限于制造产品原型与模具，而是渗透到日常生活，打印糖果、打印巧克力以及打印蛋糕，还有随处可见的3D打印照相馆。随着桌面级3D打印机的普及，人们可以即时、快速获取物品，为3D打印市场带来广阔的商业前景。通过"个人数字加工车间"随手获得想要的物品，用"轻量"快速的制造手段实现个性化的产品定制与生产。

3D打印技术有传统加工无法比拟的优势：支持复杂结构的一体化成型，省略了传统生产中的组装环节；支持小批量个性化生产，按需生产、即时生产，快速响应制作需求，为实现敏捷的产品开发奠定了基础；能快速评估外观、修改设计，有效缩短了设计的研发

周期；在首饰生产中，3D喷蜡全面替代传统手工雕蜡，可直接用于铸造且便于保存的可铸造树脂日渐普及；3D打印多元化、轻量化的PLA、光敏树脂、尼龙等材质，使大型作品跟身体的适配性更佳。3D打印为设计师开辟了更大的设计灵活度，解放了对手工的依赖。精简、优化的操作流程，使3D打印成为一种轻便、高效的生产方式。

在首饰产业中，越来越多的设计师尝试用3D打印探索造型、生产样板、复杂制造、批量加工以及艺术创作。日本Moncircus 3D打印首饰在线商店，使用3D打印技术复刻自然形态。意大利首饰品牌Maison 203，使用3D打印技术实现产品多变、复杂的几何形态，选用的尼龙材质轻巧灵活，佩戴性较强，后期着色和组装后颜色丰富。中国设计师品牌马良行致力于在首饰定制中普及、推广3D打印技术。在服装领域，软性材质打印逐

步兴起，3D打印甚至可以生成真正的面料。Heisel是由纽约时装设计师西尔维亚·海塞尔（Sylvia Heisel）与斯科特·泰勒（Scott Taylor）联手创办的时装品牌，该公司创造的碳纤维3D打印服装，使用碳纤维复合材料PLA制成连衣裙以及外套，外观亚光并且质地柔韧，极具未来感。衣服表面布满链环式的复杂网状，材料坚韧、耐用。3D打印技术成为了席卷各领域的"变革浪潮"，被越来越多的设计师使用与探索（图4-61）。

但作为新兴的制造技术，3D打印仍有亟待解决的问题：在产品精度和表面质量上有待进一步提高，可用于打印的

材料有限，以及打印周期过长、打印成本较高等问题。相对国外3D打印市场的迅猛发展，我国的3D打印起步较晚，随着国家积极布局"智能制造"，3D打印产业也将日趋成熟。2019年8月，中国3D打印服务商Lux Creo完成了B轮3000万美元的融资，主营业务为利用参数化定制软件，结合不同客户的足部数据，经过Lux Creo打印机基于弹性材料的快速定制生产，满足消费者对鞋舒适度的个性化需求。预计2020年底，Lux Creo提供的鞋底打印成本可以下降到主流鞋底材质的价格区间，并在2024年达到上千万双定制鞋底的产能，让3D打印鞋成为

大众消费品。未来的3D打印技术无论在前端的科学实验还是末端的商业市场，都拥有巨大的应用前景。未来，3D打印不仅是作为某种制造技术单一存在，而是同互联网、云计算、大数据等融合，成为智能制造链条上的重要一环。即便如此，目前3D打印技术跟传统制造技术之间仍然是相辅相成、协同配合的关系。首饰设计师既要掌握传统的首饰制造技艺，也需要积极探索3D打印技术在首饰中的创新应用，开放式的导入新材料、新技术、新方式。

（一）打印原理与分类

制造技术分为等材制造技术、减材制造技术和增材制造技术，分别对应不同的历史阶段。等材制造最为久远，可追溯到青铜时代，指的是通过铸造、锻造等方式制备生产。后来，随着机械加工的普及，减材技术逐渐发展，借助数控设备进行车铣、切削等加工。再到今天，3D打印基于"离散再堆积"的原理，增材制造完

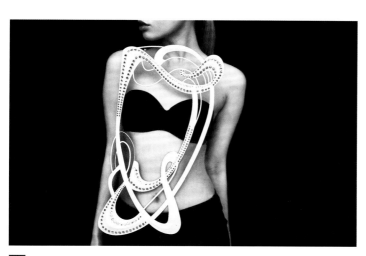

图4-61　Body Brooch 系列 3D 打印作品　设计师：周晔熙

成产品加工。

3D打印的过程分为数据处理和制造实施两个阶段。建造三维模型，通过软件将模型分层离散，把三维信息转化为二维信息，降低了制造的难度（图4-62）。打印设备识别每层的轮廓信息，生成数控代码和指令操作，逐层完成材料堆叠，通过后处理完善工件效果。打印设备依据不同原理实施制造：如热熔、结烧、黏合、光固化等。可加工的材料有树脂、蜡、金属、尼龙、塑料、陶瓷等，以液体、粉末、丝状、片层状等状态存在。评估打印的性能指标有打印时长、打印成本、打印精度、材料特性以及颜色效果等。

20世纪80年代光固化成型技术、选择性激光烧结技术相继被发明，随后熔融沉积技

术和立体喷墨打印技术陆续问世。1988年美国3D Systems公司生产出了第一台商业化光固化成型打印设备，德国、日本等公司也相继推出成熟的3D打印一体设备，至今发展良好。自光固化成型成功推出后，十几种不同的成型工艺陆续问世，其中较为成熟、常见的有以下几种。

1. 熔融沉积快速成型

熔融沉积快速成型又被称为FDM（Fused Deposition Modeling），在诸多成型方式中成本较低，成型原理为热熔性材料被加热融化，通过喷头挤压出来，喷头在X轴和Y轴上平行移动形成工件的截面形状，然后沿Z轴在层面厚度做上位移动，融化的材料沉积在前一层已经固化的材料上，温度降低后再次固化，

通过如此的层层堆积形成最终成品（图4-63）。熔融沉积快速成型的优点在于便捷、快速，缺点是表面精度低，适用材料范围不广，常用于快速模型验证，制造成品的能力较弱，常见的材质有ABS、PLA等。较多的桌面级小型3D打印机均采用此种原理成型，但由于打印喷头的运动速度有限，所以打印速度也会受到一定限制。FDM熔融沉积的工作原理相对简单，无须贵重的设备器件，更容易操作与维护，也是最早实现开源且用户普及率较高的技术。小型的桌面式熔融沉积打印设备方便、小巧，对于使用环境没有太多限制。

2. 立体光固化快速成型

立体光固化快速成型又被称为SLA（Stereo Lithography

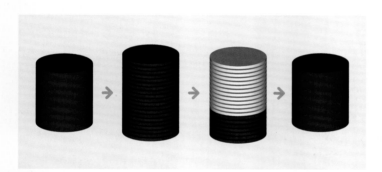

图 4-62　3D打印技术的分层制造原理

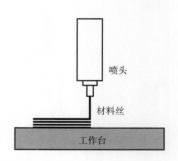

图 4-63　FDM熔融沉积快速成型工作原理

Apparatus），是最早的成型技术之一。1988年，3D Systems公司推出了世界上第一台基于光固化成型技术的3D打印机。原理是利用激光束，沿着物体各分层的截面轮廓对液体树脂进行扫描，被扫描到的树脂层产生聚合反应，最终形成物体的固化截面，没有被激光扫描到的树脂仍然保持液体状态（图4-64）。SLA主要以光敏树脂为材料，通过紫外线或者其他光源照射凝固，每层固化后，工作台下降一定距离，在已固化的层面覆盖另外一层液体树脂，不断循环往复，获得精度较高、效果较好的表面质量。首饰中较多采用光固化快速成型的可铸造树脂用于后续生产。在该成型方式中，主要的固化光源有紫外UV激光、紫外光或LED光，通常将采用紫外UV激光的技术称为SLA技术，采用紫外光并喷射树脂的技术称为PolyJet技术，采用紫外光投影固化的技术称为DLP技术。

3. 选择性激光烧结快速成型

选择性激光烧结快速成型被称为SLS（Selective Laser Sintering），原理是粉末材料在激光照射下烧结，层层堆积成型。SLS技术较多采用红外激光，先将一层很薄的粉末铺在工作台上，工作室温度加热至接近粉末熔点，激光束在计算机的控制下以一定的速度和密度分层扫描，凡被激光扫描的粉末高温烧结成一定厚度的面，一层扫描结束后，继续开始新一层的烧结（图4-65）。激光没有扫描到的地方，仍然为粉末状，打印结束工作室冷却后，清扫掉多余粉末，即可获得物体。使用SLS选择性激光烧结原理的工件表面较为粗糙有颗粒感，且内部较为疏松。

4. 选区性激光熔化快速成型

选区性激光熔化快速成型也被称为SLM（Selective Laser Melting），是利用激光束熔化铺设成薄层的粉末，逐层熔化后堆积成型。较多应用在金属3D打印中，使用SLM成型的

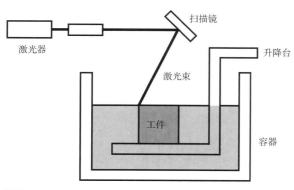

图 4-64 SLA 立体光固化快速成型工作原理

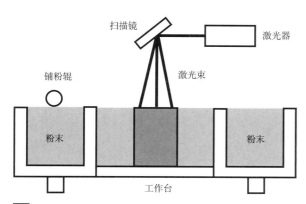

图 4-65 SLS 选择性激光烧结快速成型工作原理

金属致密度较高，打印精度也更高。但热熔后的金属，残余内应力大，容易发生弯翘、变形和裂隙。

对首饰来说，成型原理和材质的选择，以工件性能和制作要求为原则，考虑表面质感和后加工处理的精细度、可塑性。下面着重介绍几种常用材质及打印方式、成型效果、后加工处理特点，并通过典型案例了解设计需求如何与制作衔接，结合3D打印的优势，帮助设计师实现设计想法。

（二）喷蜡3D打印技术

1. 制作原理与方法

首饰喷蜡3D打印广泛应用于首饰制造和生产环节，几乎全面代替了手工雕蜡，数字化喷蜡制版摆脱了对手工的依赖。首饰喷蜡使用光固化成型的打印原理，不同种类的液体蜡从设备喷头喷出，通过UV紫外光照射固化成型。常用喷蜡打印设备采用双喷头，同时喷射两种不同的材料，一种是蜡版的主要材料，另一种是可溶性支撑材料，能在溶液中溶解。3D喷蜡的蜡质细腻，能较好表现首饰的造型细节，喷蜡后还需要经过铸造、压胶模、批量铸造、打磨、镶石、抛光、电镀等一系列过程，是数字化加工与手做加工的协同配合，支持铸造成黄金、K金、银、铜等材质。

2. 材料种类与特性

（1）白蜡。是打印过程中用于支撑的材料，作用是支撑形体，跟主体蜡一同被打印出来，且被填充在所有的模型细节中。白蜡支撑无须手动去除，在恒温35℃左右的溶液中浸泡，溶液由酒精与其他原料按照一定比例配比而成。

（2）蓝蜡。是喷蜡打印的主体材料，打印前为液体，属于高分辨率材质。蓝蜡灰分含量少于0.05%，在铸造过程中容易燃尽，同时色泽美观、细腻。但跟紫蜡相比，蓝蜡的韧性较弱，属于第一代喷蜡材质。

（3）紫蜡。属于优化后的新型喷蜡材质，表面更为细腻、光滑、韧性好，也属于高分辨率蜡质材料，是较为耐用的铸造蜡，可用于各类金属的精密铸造。紫蜡由于内含酒精成分，更易挥发，铸造时更容易燃尽（图4-66）。

3. 常用设备介绍

（1）Projet MJP系列机型。美国3D Systems公司是全球知名的3D解决方案提供

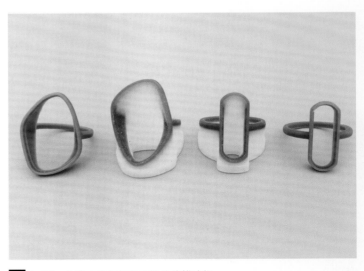

图 4-66　去除支撑与保留支撑的紫蜡戒指

商，也是光固化成型技术的开拓者，最早使3D打印实现工业应用的公司。该品牌旗下的 Projet MJP2500W、Projet MJP3600W、Projet MJP3600W MAX 等系列喷蜡机型，采用单喷头多喷嘴制造精确蜡模。设备使用紫蜡和蓝蜡作为成型主材料，能更好地处理精细特征。设备的高清模式可达到 1200×1200×1600 分辨率，打印层厚精度 16μm。设备自带数控软件 3D Sprint，可无人值守，连续7天24小时不间断工作，保证生产效能。

（2）SolidScape S300系列机型。SolidScape 是一家欧洲 3D 打印设备制造公司，创建于1994年，产品涉及珠宝、消费电子、生物医药产品、骨科、假肢、正畸用具、玩具等领域。Solidscape S300 系列机型专为珠宝商打造，针对小型设计工作室以及定制零售商的一体化设备。Solidscape 3D 蜡模打印采用 Dropon Demand 技术，可以沿着 X 轴、Y 轴和 Z 轴定位蜡滴，获得精确的位置移动和高清细节。小型机的成型范围为 152.4mm×152.4mm×50.8mm，而 S350、S370 和 S390 型号的成型范围更大，为 152.4mm×152.4mm×101.6mm，能明显提高产量。

4. 制作特点与注意事项

（1）蜡模的缩水性。蜡模制作过程中涉及恒温浸泡去除支撑，需要注意蜡模自身的缩水性。尤其是较大物件浸泡时，应适当降低温度，避免蜡模因缩水而破裂、损坏。

（2）蜡模与铸造的衔接。喷蜡精度良好，三维模型中任何细微局部都可以被蜡模还原。但蜡模获取的目的是对接后期铸造以及批量生产，不能一味追求打印的精细化，忽略了与铸造环节的衔接。另外，过细、过小的蜡模虽然可以被打印出来，但在溶液浸泡和运输过程中就会发断裂和损坏。评判一件蜡模是不是优质的成型件，关键在铸造过程中能否快速熔化，具有最佳的燃尽性能，没有灰尘或残渣，没有热膨胀等。

（3）蜡模的运输与保存。蜡材质比较脆弱，在运输和保存过程中容易发生断裂和损坏，须小心轻放。打印蜡模不建议长期存放，会起粉或发脆。现在较多工厂选择可铸造树脂代替喷蜡进行制版与存放，树脂的坚固度和耐保存性都要更好。

5. 典型制作案例

设计名称：字体制燥局系列
设计师：邹诗琪

将嘻哈文化中的奇卡诺风格引入中文字体，从偏旁部首到单个文字，再到四字成语，反复试写、修正和优化，把字形立体化、首饰化。戒指结合字形特点可分拆组合佩戴，制作采用 Rhino 软件建模，再导入 JewelCAD 软件进行上机前排版，经过喷蜡以及铸造成型。这是目前首饰生产中较为普遍的制作方式。

第一步 使用 Rhino 软件进行三维建模，戒指为分拆件，需要模拟字形的组合效果。建模完成后，将模型输出

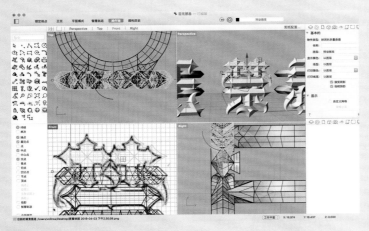

图 4-67　使用 Rhino 软件三维建模

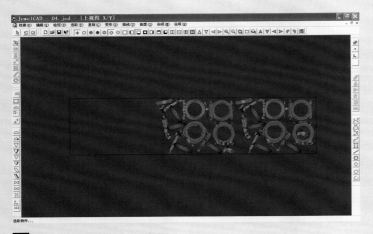

图 4-68　模型切片与打印前排版

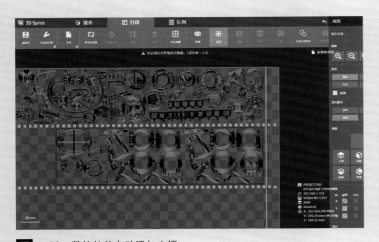

　图 4-69　数控软件自动添加支撑

为 STL 格式文件以备后期打印输出（图 4-67）。

第二步　将 STL 格式文件先导入 JewelCAD 中进行切片和打印前排版，设置模型的切片厚度为 0.015mm。在打印区域范围内排版，以省料为原则，模型不重叠，可上下排列，但不能高于打印范围（图 4-68）。

第三步　排版完成后，将数据文件导入数控软件 3D Sprint 中，模型置入到软件打印区域的通道内，软件会自动添加白蜡支撑（图 4-69）。

第四步　保存数据文件，传输到设备的操作主机中。提前将工作台清理干净，放入底座。操作主机驱动设备执行加工命令，喷头开始工作，操作面板显示总加工时长。加工结束后，打开设备舱门，可见喷蜡模型（图 4-70）。

第五步　将底座取下，放在加热装置上，待底部白蜡溶解松动后取下。模型之间有微小连接，可以手动掰离，蜡模分离后需要放入恒温的溶液中浸泡，去除白蜡支撑（图 4-71）。

第六步 经过浸泡，白蜡完全去除，蜡模清理工作结束。由于蜡模脆弱，取拿时需要小心轻放，同时需要检查蜡模外观有无破损和缺失（图4-72）。

第七步 清洗完后的蜡模进入铸造环节，经过上蜡树等常规铸造制备，获得铸造件。继续检查外观情况以及铸造是否良好（图4-73）。

第八步 铸造件经过执模、抛光、清理后进行喷砂。字形细节较多，后处理尽量精细化操作，将各部位的分拆件进行不同颜色的电镀处理，获得最终成品效果（图4-74）。

图 4-70 首饰喷蜡结束

图 4-71 溶解白蜡支撑

图 4-72 检查蜡模外观

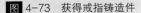

图 4-73　获得戒指铸造件

图 4-74　戒指成品制作效果

（三）光敏树脂3D打印技术

1. 制作原理与方法

光敏树脂是常用的打印材料之一，成型快速、重量轻且可塑性强，深受设计师喜爱。树脂类3D打印较多采用SLA立体光固化快速成型和DLP数字光处理快速成型，激光器在固化缸中逐层扫描，固化精细分层。跟其他成型方式相比，立体光固化成型具有成型时间短、速度快、精度高、自动化程度高等优点，促进了光敏树脂在样板和小批量生产中的广泛应用。打印过程分为前处理、分层叠加成型和后处理等步骤：制作三维模型，并将模型切片，生成支撑结构；操作前设定工艺参数，包括激光功率、扫描速度、树脂温度等，然后将层面的轮廓数据和参数指令发送给设备进行操作；大部分光敏树脂打印后需要额外的固化步骤，放入大功率紫外灯箱中进一步固化内腔。为光敏树脂添加支撑结构非常关键，除了可确保物件在打印中的牢固外，还有助于减少弯曲和变形，后期需要手动去除。

2. 材料种类与特性

在光能的作用下，能够敏感地产生物理变化和化学反应的树脂被称为光敏树脂。光敏树脂也被称为UV树脂，在250~450nm波长的紫外光照射下能立刻引起聚合反应并固化成型，在下一层树脂开始打印前，上一层树脂能够迅速固化。用于打印的光敏树脂多为液态，固化后强度高并且防水（图4-75）。可铸造光敏树脂作为特殊的树脂材料，能用

图 4-75　白色光敏树脂打印模型

于首饰铸造，版型牢固便于保存，具有熔解温度低、燃烧残留含灰量低、精细度高等特点（图4-76）。除可铸造树脂外，常用的树脂有白色光敏树脂和透明光敏树脂，在后处理中透明光敏树脂比白色光敏树脂处理难度高（图4-77、图4-78）。

3. 常用设备介绍

（1）Formlabs桌面光固化打印设备。2011年，Formlabs由麻省理工学院的学生创立，是全球知名的桌面型光固化设备制造商，广泛用于教育、牙科、医疗保健和珠宝等行业。

Formlabs光固化打印机以小型、低价为主要特点，开发人员在技术研发和服务体验上不断地优化设备性能。Formlabs机型从早期的Form1、Form2，再到近期的Form3、Form3L，带来了越来越好的打印体验。其中Form3和Form3L采用了LFS低强度立体光刻技术，X轴、Y轴的分辨率为25μm，打印层厚度范围为25~300μm，提供针对工程、牙科、首饰等领域的多种树脂材料。

（2）Envision TEC DLP系列机型。德国3D打印设备制造商Envision TEC成立于2002年，开创性地使用DLP数字光处理技术进行成型，应用于医疗、日用消费品、珠宝首饰、航天航空等领域。DLP数字光处理快速成型技术，是将影像信号经过数字处理，再把光投影出来固化，一次成型一个面，而SLA一次只成型一个点，所以DLP比SLA的成型速度更快。Envision TEC系列机型的材料以可铸造树脂为主，支持后续复杂铸造，同时提供多种不同特性的其他树脂，可根据生产偏好进行选

（a）

（b）

（c）

图 4-76　3D打印可铸造树脂

图 4-77　透明光敏树脂打印

图 4-78　透明光敏树脂在打印设备仓内

择。表面光洁度为10μm，支持微镶和各类复杂镶嵌造型的打印。

4. 制作特点与注意事项

（1）去除支撑和清洗。从设备取下来的光敏树脂表面和工件内部，会残留未固化的树脂，引起工件变形，排出和清理残余液体十分重要。建模时需要预留出排液小孔，或者成型后使用钻头钻孔，排出内部残留液体。表面残余树脂，需要使用酒精、丙酮等清洗液清洗，借助刷子对树脂表面进行清洁。光敏树脂打印时会产生较多支撑，如外部支撑

或腔体内部支撑等（图4-79、图4-80）。大部分支撑呈蜂窝形状，外部支撑仅需要手动掰除，或者使用剪刀、镊子去除，借助锉刀、砂纸磨平，内部支撑需使用钩刀从内部掏出（图4-81、图4-82）。去除支撑时，注意不要刮伤物件表面以及精细的结构部位。

（2）后处理打磨。光敏树脂的后处理使用手动或者小型电动工具，对表面附着物进行打磨，去除多余支撑，如刮边刀以及各类水磨砂纸等（图4-83、图4-84）。立体光固化成型的表面会有

0.05~0.1mm的台阶式层纹，对表面要求细腻，可使用砂纸打磨，再进行喷色、涂装。光敏树脂的后处理还包括喷砂，喷砂可改善表面效果，操作人员使用喷枪喷射物体表面，迅速获得光滑均匀的亚光效果。透明光敏树脂除了喷砂外，还可以抛光或者喷透明油漆使表面高亮，获得近似玻璃质感。透明树脂比白色树脂的打磨更精细，为了能够看清楚表面的痕迹，会喷涂黑色，让打磨效果更为明显（图4-85）。

（3）树脂上色。光敏树脂本身颜色缺少变化，需要

图 4-79 带支撑的螺旋3D打印光敏树脂

图 4-81 光敏树脂打印用于清除支撑的斜口剪钳

图 4-83 光敏树脂打印用于后处理的水磨砂纸

图 4-80 带支撑的圆球3D打印光敏树脂

图 4-82 光敏树脂打印用于清除支撑的弯钩螺丝刀

图 4-84 光敏树脂打印用于后处理的树脂模型刮边刀

图 4-85　透明光敏树脂打磨

后期上色，不上色的光敏树脂，仅用于外观验证，搁置时间较长后表面发黄。光敏树脂的上色方式有喷漆和染色，喷漆覆盖性强，能够遮盖表面质感。漆的可选范围广泛，如亮光漆、亚光漆、珠光漆、炫色变彩漆等，结合不同的喷漆手法，如渐变喷洒等，可获得多样外观。由于首饰体型小巧、精美，表面质感要求较高，建议使用专业模型漆，常用的品牌有田宫、郡士等。想要获得较好的喷漆效果，在涂装前将物体打磨光滑，逐层上漆，干透后继续打磨，再次覆盖漆层，随着漆的厚度增加，外观的色彩质感和涂装效果会越来越好（图4-86）。如果希望呈现高亮光泽，可覆盖透明亮光漆，获得烤漆质感。首饰的喷漆涂装，建议使用喷枪或手持小型罐喷，更易操作和覆盖细节（图4-87）。

图 4-86　光敏树脂喷漆效果

图 4-87　可用于光敏树脂上色的小型罐喷漆、模型漆和喷枪

光敏树脂的染色可以使用色谱齐全的树脂染色剂，用水配比稀释，深色约5倍稀释、中色约6倍稀释、浅色约7倍稀释，简单低温加热后上色速度更快（图4-88、图4-89）。染色剂之间可以调配颜色，变换染色手法呈现渐变效果、烟雾效果。由于树脂染色的自由度较大，设计师可以亲自动手探索更多有趣的效果。

图 4-88　白色光敏树脂染色效果

图 4-89　透明树脂染色效果

5. 典型制作案例

设计名称：New Amber

设计师：朱美漼、王辛煜

以拉伸变形的曲线造型为主，表面布满装饰性纹理。为了突出前卫感与时尚性，耳饰体积较大，避免重量太重不适合佩戴，采用光敏树脂3D打印成型。光敏树脂重量轻，适合表现大体量设计，表面精细度高，能还原耳饰的细密纹理。

第一步　使用工业设计软件UG（Unigraphics NX）进行三维建模。UG是工业设计专门针对产品工程解决方案的常用建模软件。360°观察形体效果，设置蜜蜡定位孔和金属件定位槽（图4-90）。

第二步　将模型导入Magics软件中进行切片。Magics属于快速成型辅助软件，支持测量、修整、快速切片等处理。设置切片参数为每层0.11mm，自动添加交叉网状支撑，注意回避正面，完成后保存，以备加工（图4-91）。

第三步　将打印平台回零，检查腔内液位，液位不足需要填充，调整、检查机器功率，确认打印机状态。检查刮刀和打印台是否有残留支撑，设备检查完毕后，可接受操作主机指令进行加工（图4-92）。

第四步 关闭腔门开始打印，打印平台逐层往下移，液体逐层上升，激光头固化从下往上逐层成型。打印结束后打印台升起，模型露出。使用铲刀铲下，如果打印台遗留固体树脂，要用镊子把残留物去掉（图4-93）。

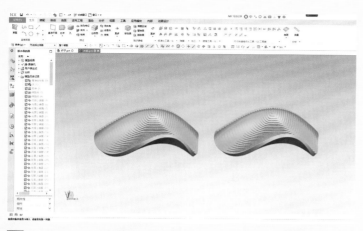

图 4-90 使用 UG 软件进行三维建模

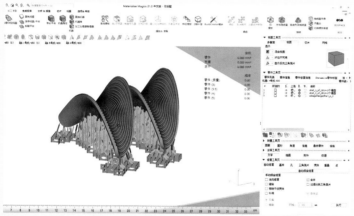

图 4-91 使用数控软件设置加工参数与支撑

图 4-92 检查打印设备

图 4-93 模型打印成型

第五步　模型表面布满液体树脂残留，放入酒精溶液除胶，使用超声波清洗机并手动刷除残留液体。用手掰除支撑，放入固化箱，灯光照射使工件进行二次固化，检查模型外观是否良好（图4-94）。

第六步　支撑和模型分离的地方，会有粗糙的凸起，是支撑的底部残留。分别使用粗砂纸、细砂纸沾水，手工打磨至表面没有明显痕迹，支撑完全去除（图4-95）。

第七步　放入喷砂机进行表面喷砂，利用细微颗粒进行深度清洁，并使表面获得轻微的磨砂质感。喷砂完成后再次使用酒精，清洗表面杂尘（图4-96）。

第八步　打印完成后表面喷漆，黑漆均匀覆盖模型表面，遮盖材质本色。按照正面定位孔镶嵌球形蜜蜡，按照模型背后的定位槽安装金属配件（图4-97）。测试佩戴效果后，耳饰成品制作完成（图4-98）。

图 4-94　清洗残留树脂

图 4-95　带支撑的打印模型

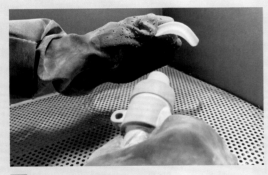

图 4-96　模型表面喷砂清理

图 4-97　耳饰成品制作效果

图 4-98　耳饰成品佩戴效果

（四）尼龙3D打印技术

1. 制作原理与方法

尼龙也是首饰常用的打印材料之一，采用SLS选择性激光烧结加工原理，激光器发射红外激光束，计算机控制光束的照射路径，在均匀的尼龙粉末薄层上进行有选择性的烧结。被扫描到的粉末颗粒由于高温烧结在一起，生成具有一定厚度的实体薄片，一个层面烧结后，工作台下降一个厚度，设备自动铺粉后再烧结新的层面，最终得到打印实体，未扫描到的区域仍然保持粉末状态。由于尼龙全部为粉末状，没有烧结的粉末可以支撑住物体，所以不需要额外添加支撑。剩余的粉末可以回收再利用，减少了材料浪费。尼龙粉末和金属粉末的打印都需要在充满惰性气体的密闭空间内完成，需要做好通风处理，避免发生粉末爆炸等极端情况。随着尼龙打印设备不断发展，人们越来越注重粉末打印的安全性和密封性。

2. 材料种类与特性

尼龙是一种聚酰胺纤维材料，英文名为Polyamide。3D打印中的尼龙常为粉末状，外观为白色颗粒，性能稳定，强度大，有很好的耐磨性和韧性，在弯曲的状态下可以抵抗压力，适合制作齿轮配件，阻透性优良。打印成型的尼龙表面不平滑，呈现磨砂的颗粒质感（图4-99）。尼龙虽然表面看似疏松，实则强度很高，无法通过打磨变得光滑。尼龙物件重量轻，适合表现大体积首饰形态。目前市面应用较多的是PA12型号的尼龙粉末，材质稳定性较高，属于半结晶状态，综合性能相对成熟。

3. 常用设备介绍——EOS塑料粉末烧结设备

EOS（EOS GmbH Electro Optical Systems）是专门针对金属和聚合物的德国工业级打印设备制造商，成立于1989年，是增材制造整体解决方案的先驱。设备打印精度和质量居于行业领先位置，主要快速成型设备有Formigap系列、Eosintp系列、Eosints系列和Eosrntm系列等，服务领域涵

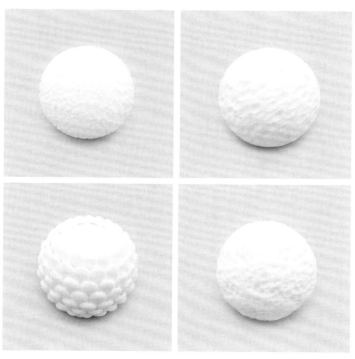

图 4-99 尼龙 3D 打印   115

盖了汽车、飞机、发动机、医疗、民用、机电、工业等。EOS P396、EOS P500、EOS P770都属于工业级塑料激光粉末烧结打印设备，其中EOS P770能够加工长达1m的大型物件，支持10种聚合物粉末材质的打印，不同材质的层建构厚度为0.06~0.18mm。

4.制作特点与注意事项

（1）打印体积限制。尼龙不能打印体积过小的物体，较难在大量的粉末中寻找到微小工件，且尼龙粉末的表面颗粒较为明显，打印体积过小或极其精细的结构时，表面成型精度较差，无法表现过多细节。

（2）后处理清理、打磨与上色。尼龙的清理和后处理较为简单，完成后从粉块中找到成型物件，使用刷子清理表面残余粉末，使用高压喷枪清理缝隙。由于硬度高，不支持手工打磨，表面布满颗粒，视觉质感较为高级，不需要后期加工改变材料风格。尼龙的上色以喷漆为主，能够均匀附着尼龙表面，覆盖性强且色度饱满，最终获得亚光效果（图4-100）。尼龙还可以通过染色方式获得

颜色，在煮沸的水中加入染剂粉末，放入工件持续搅拌，根据颜色要求决定浸染时间，结束后使用固色剂固色，阴干即可（图4-101）。尼龙染色效果均匀、饱满，颜色选择范围会受到染剂颜色的局限。

（3）表面纹理。尼龙属于分层烧结，打印物体表面会有细微纹理（图4-102）。纹理的明显程度跟设备的加工精度以及加工参数关系密切。设计师须提前跟加工商充分沟通，避免忽视精细部位或关键部位的层面纹理，做好设计和工艺实施的配合。目前，市场上大多数的打印设备都具备较高的精度，但在常规生产中会将设备调整到适中状态，追求高精度意味着需要花费更多的打印

时间，设计师对表面精度要求较高，需要跟工厂提前确认制作效果。

打印大曲面造型时层纹会更加明显（图4-103）。工件被放置到粉缸中心区域的时候，物件表面接近激光束的垂直方向，能够正常反映设备精

图 4-100　尼龙 3D 打印喷漆效果

图 4-101　尼龙染色效果

度。如果被放置到粉缸边缘与
激光束角度接近水平时，层纹
方向和表面效果会受到影响。

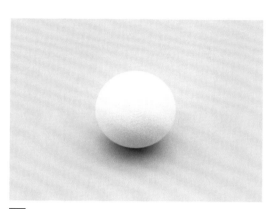

图 4-102　尼龙 3D 打印的阶梯状层纹

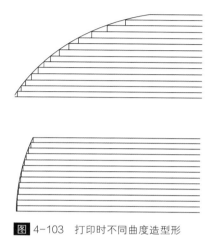

图 4-103　打印时不同曲度造型形成的层纹效果

5. 典型制作案例

设计名称：Plant Planet 身体植物园系列

设计师：宋懿

本系列以显微镜下的牵牛花花粉粒为造型来源，强调有趣佩戴的同时，营造出首饰语境下的植物美学。由于耳饰造型较大，表面凸起排列复杂，不适合金属铸造。尼龙3D 打印可减轻形体重量，匹配后喷漆上色，具有较大的造型表现空间。除了主体的尼龙部件外，金属部件使用传统的铸造、焊接和镶嵌。耳饰装配有360°旋转连接位，佩戴时可手动调节球形部件的装饰位置。

第一步　结合造型特点，选择 Zbrush 建造带有表面坑洞的球状部件，选择 Rhino 软件的插件 Matrix 建造条形部件，预留与金属件黏合的孔位，保存为 STL 格式文件（图4-104）。

第二步　将 STL 文件导

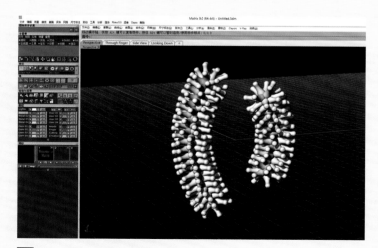

图 4-104　使用三维软件建模

入快速成型辅助软件Magics中，调整、检测尺寸并进行分层切片，设置层面厚度为0.1mm。打印时多余粉末可以作为支撑，所以不需要在Magics中额外添加（图4-105）。

第三步　打印前确认粉缸底层是否平整，设备主机下达操作指令开始打印，机器根据控制代码进行运动。烧结一层完毕后，送一层粉，粉缸逐渐被填满，满缸模型打印时长约10个小时，不同设备时长略有不同（图4-106）。

第四步　打印结束后，工作人员做好呼吸道保护措施，将粉缸内的固化模型掏出。使用刷子、风枪等工具清理表面粉末。清理全程佩戴防尘口罩和手套，清理掉的粉末可以继续回收再利用（图4-107）。

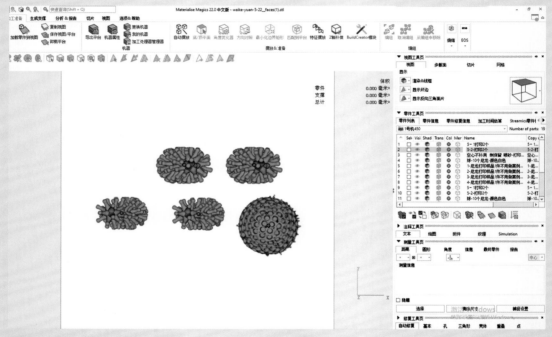

图 4-105　在数控软件中设置加工参数

图 4-106　尼龙3D打印设备加工

图 4-107　模型表面清理

第五步 表面粉末清理干净后，获得白色尼龙模型，其表面带有烧结后的磨砂颗粒质感，打印完毕后不需要进行打磨。对照建模图检查模型外观是否完好（图4-108）。

第六步 选择薄荷绿色、淡黄色、闪光白色模型漆，分别注入喷笔，边喷边转动，尽量均匀附着。尼龙件造型复杂，起伏较深，需要喷涂两遍以上，确保全面覆盖（图4-109）。

第七步 采用铸造方式制备耳饰金属件，包括耳饰框架、360°旋转连接位、耳针以及球形部件的镶口。金属配件经过电镀处理后，准备与尼龙件进行黏胶组装（图4-110）。

第八步 尼龙件同金属件组装完成后获得成品耳饰，在尺寸固定的前提下，尼龙件极大地降低了整体重量。表面的磨砂颗粒质感体现了造型的丰富度（图4-111、图4-112）。

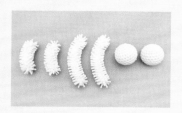

图 4-108 检查模型外观效果

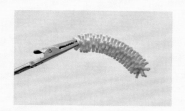

图 4-109 模型喷漆改色

图 4-110 铸造、组装、电镀金属配件

图 4-111 耳饰成品制作效果

图 4-112 耳饰成品模特佩戴效果

（五）金属3D打印技术

1. 制造原理与方法

金属3D打印较多使用SLS选择性激光烧结和SLM选择性激光熔化。SLS选择性激光烧结的工作原理是将低熔点金属粉末与高熔点金属粉末混合，其中低熔点的金属粉末起到烧结时的黏合作用，性能上受低熔点金属粉末的影响，外观精度和强度有限。SLM选区性激光熔化成型技术最早由德国提出，使用激光束按照轮廓路径高温熔化金属粉末，到达熔点后粉末相互黏结，逐层堆积后熔解成型。设备需要输出高能量密度的激光才能将金属粉末熔化，避免金属在高温下与其他气体产生反应，整个打印空间需要密封，熔化金属粉末时，工件内部会产生较大应力。SLS选择性激光烧结技术属于早期使用的金属粉末打印方式，受激光器功率和粉末材料的性能限制，无法达到高致密度，直到SLM选择性激光熔化技术被广泛应用后，开始逐步替代SLS的金属打印方式。

金属3D打印善于制作复杂结构，可一次成型（图4-113）。金属粉末的成型特征和尼龙粉末大致相同，如自动铺粉、清洁表面粉末、多余粉末可反复循环利用等。原则上金属粉末打印不需要添加支撑，多余的未烧结粉末可以支撑物体，但由于烧结过程中金属的应力较大，实际操作必须添加支撑，确保打印效果。目前首饰中应用金属3D打印较少，原因是技术难度大、打印成本高，除了内部结构极其复杂或无法通过传统方式成型时才建议使用。

2. 材料种类与特性

金属3D打印技术日趋成熟，虽然致密度仍然无法跟正常金属相比，但正在逐步得到改进。用于打印的金属粉末纯度高、含氧量低，有不锈钢、铝、钛、镍、钴等，也有贵金属金、银等。钛合金由于强度高、耐腐蚀性强、耐热性高，较多用于飞机及军事装

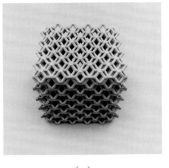

（a）

（b）

（c）

（d）

图 4-113　复杂造型的金属3D打印

备的零部件制造。不锈钢成本较低，具有耐腐蚀、耐酸碱等特性，适合打印较大尺寸的金属部件。使用SLM成型的金属密度较高，具有很高的拉伸强度，适合各种复杂形状，尤其是内部复杂的异形结构，在小批量和个性化生产中优势明显。

（1）铝合金粉末。作为3D打印材料，铝合金粉末有着熔点较低、密度较小、抗腐蚀等特点，容易通过激光高温烧结，属于好塑形且易加工的材质（图4-114）。但由于铝的材质强度低，较难直接应用于机械零配件。

（2）钛合金粉末。钛合金打印应用广泛，在医疗、航天、航空、机械加工以及零件制造领域都有涉及。钛合金具有强度高、密度低、耐腐蚀性强、质量轻、抗拉伸性能强等

特点，具备良好的生物学性能，适合制造骨骼、关节、器械等医疗用品（图4-115）。部分厂商也使用钛合金3D打印制作手表和配件。

（3）不锈钢粉末。不锈钢3D打印的成本相对较低，但表面较为粗糙，会存在微小坑洞（图4-116）。虽然可以通过后期打磨、抛光进一步优化表面，但由于不锈钢本身硬度较高，所以优化效果有限。

3. 常用设备介绍

（1）EOS金属粉末打印设备。来自德国的EOS致力于金属粉末打印领域，提供包括设备、软件、材料和服务在内的多种解决方案。可用于金属粉末打印的设备型号有EOS M100、EOS M290、EOS M300、EOS M400等。支持使用多种金属打印材料，包括用于模具和机械工程的高性能

钢、用于医疗的高耐磨钢、用于赛车和航空领域的轻型铝合金以及贵金属金、银等。其中EOS M400-4机型可提供400mm×400mm×400mm的大型建筑体积，并配有四个激光器，能将生产率提高4倍。还有专门针对钟表和首饰制造业开发的Precious M080机型，支持贵金属粉末的增材打印制造。

（2）SLM Solutions金属粉末打印设备。SLM Solutions也是一家世界知名的金属3D打印设备制造商，专注于SLM选择性激光熔融技术，主要产品有SLM125、SLM280、SLM500、SLM800等系列。支持打印包括钢、钛、铝、镍、钴、铁、铜在内的多种合金粉末，成型尺寸大，加工精度高。SLM Solution设备拥有金属粉末闭环输送系

图 4-114 金属3D打印铝合金材质

图 4-115 金属3D打印钛合金材质

图 4-116 金属3D打印不锈钢材质

统，提高了操作的安全性。其中SLM500的可见层厚度为25~75μm，扫描速度为10m/s。可装配模块化的粉末单元，粉末的输送、筛分和储存在惰性气体封闭系统中进行，无接触粉末处理，确保最大限度的安全工作。

4. 制作特点与注意事项

（1）一体成型复杂结构。金属3D打印，除了能减少首饰的制作环节，还支持一体成型复杂的内部结构，如环相扣、咬合可转动的内含物以及不易铸造的复杂、纤细形体等，都可以通过金属3D打印实现。

（2）应力退火。金属打印后必须做退火或热调和处理，塑料制品打印会出现翘边、收缩等应力现象，金属的应力反应更强烈。烧结时由于结晶颗粒不一样，融化区域不一样，会导致金属内部发生变形反应。物件取下后，待温度冷却，须加热工件进行应力退火。经过热处理的金属韧性更强，没有经过热处理的金属更硬、更脆。

（3）后处理打磨与去除支撑。金属粉末3D打印的后处理较难，打印成品表面相对粗糙，布满粉粒状熔结，无法达到普通金属的光亮程度。各类金属粉末成型后的硬度较高，打磨优化的效果有限。金属打印的支撑经过应力退火后，需要使用线切割去除，再进行手工打磨（图4-117）。由于金属硬度较高，支撑去除较为费力。

（4）后期改色。金属3D打印物件均以金属本色为主，无论是铝合金、钛合金还是不锈钢，都呈现不同程度的深灰金属色，后期改色可以使用电镀或喷漆。

（5）呼吸道防护。金属3D打印过程中需要做好严密的个人防护工作，穿戴全套护具，尤其注意防止呼吸道吸入重金属粉末。打印过程中的粉末管理和输送要严格遵照设备操作要求和规范。

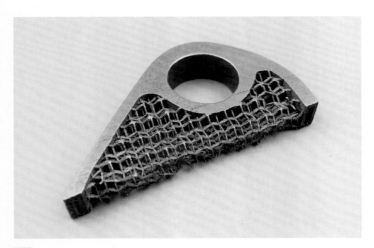

图4-117　未去除支撑的金属打印工件

5.典型制作案例

设计名称：Grid Change

设计师：宋懿

该设计使用Rhino的参数化插件Grasshopper建模，在框架内设置参数，随机生成不规则曲面网格，呈现非连续性的复杂状态。采用SLS粉末烧结的打印原理，分别将不锈钢和铝合金粉末固化成型，以获得金属3D打印成品件。结合该首饰造型特点，无论使用传统铸造方式或金属3D打印都各有利弊。所以，本案例仅展示金属3D打印的制备过程。

第一步　首先使用Rhino插件Grasshopper完成吊坠建模。吊坠孔隙分布不均，受打印精度限制，孔隙直径不能小于0.6mm，整体厚度大于1mm才能进行制作（图4-118）。

第二步　将模型的STL格式文件导入到快速成型软件Magics中进行切片分层。设置层面厚度为0.03mm，设置光斑补偿为0.03mm。由于打印中金属应力较大，需要在Magics中自动添加支撑（图4-119）。

第三步　将分层后的模型文件导入设备操作主机中。打

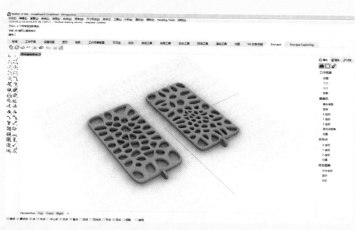

图 4-118　使用软件完成首饰建模

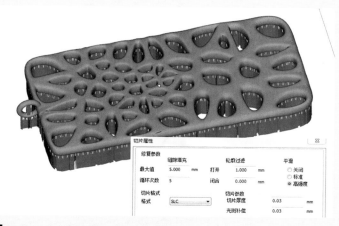

图 4-119　在数控软件中设置加工参数

印前，确保腔内金属粉末铺设平整，关闭腔门后填充惰性气体。预计打印时长约10~12个小时，根据缸内模型的数量和复杂程度打印时长略有差异（图4-120）。

第四步　开始打印后，腔内可见微弱的激光光斑在粉缸内来回移动，金属粉末逐层固

图 4-120　打印设备准备与打印操作

化。每一次固化后，再逐层铺设金属粉，直至堆积成型。打印金属过程中设备腔内的温度较高（图4-121）。

第五步 打印完成后，等待腔内温度冷却充分，才能打开设备盖子。取出前工作人员需要佩戴防尘口罩和手套，做好呼吸道保护（图4-122）。

第六步 打印成型的金属在清理完表面粉末后，需放入加温炉内，进行热处理

去除应力，使用电火花线切割技术，将工件与底座分离，获得带支撑的金属打印工件（图4-123）。

第七步 使用线锯和钳子将支撑剪断，用吊机打磨头将残余支撑清除干净。放入喷砂设备中进行喷砂，进一步获得表面均匀。清除支撑的后处理工作量较大，且金属较高的硬度也增加了工作难度（图4-124）。

第八步 支撑清理完毕后即可获得金属3D打印完成品，分别为不锈钢材质和铝合金材质。吊坠表面经过粉末烧结后具有均匀的磨砂质感，硬度较高，可直接佩戴（图4-125）。

图4-121 金属粉末逐层打印固化

图4-122 取出金属打印模型

图4-123 带支撑的金属打印工件

图4-124 手工清除金属支撑

图4-125 首饰成品制作效果

（六）ABS\PLA 3D打印技术

1. 制造原理与方法

ABS（Acrylonitrile Butadiene Styrene）材质和PLA（Polylactice Acid）材质广泛应用于快速模型验证，使用FDM熔融沉积打印技术，支持迅速获得打印工件，且易用性较强。打印时材料丝被输送到打印设备喷头，热电阻加热器升温到180~240°C，材料丝加热到半流体状态。喷头在计算机的控制下，按照三维模型的层面轮廓移动，喷头中的液体挤出后在工作台上凝固。打印完一个轮廓面后，再开始打印新的层面，逐层累加，直到整个模型打印完成。桌面型FDM打印设备突出的优点在于快速和方便，物件打印的精度和牢固度较差。但工业级FDM打印在精度和材料性能上都表现得非常出色，支持特殊ABS和PLA材料，如耐热、防静电、防阻燃、生物相容性材料等，以适应更高的工业要求。

2. 材料种类与特性

（1）ABS树脂。ABS和PLA是桌面小型3D打印机最常用的热塑性材料。ABS是一种广泛用于工程、家居、电器、玩具等外观制造的工程塑料，强度高、耐冲击性强、硬度以及抗老化性能较好。基本颜色为象牙白色，由于上色性好，材料颜色丰富多样。ABS正常形变温度为90°C，加热到175°C时熔化，加热到280°C时熔解。ABS树脂属于易燃类的化合物，且燃烧时会释放有毒化合物、产生异味，所以民用领域的ABS树脂逐渐被PLA代替。由于ABS的冷收缩性，模型容易跟工作台分离，所以打印时需要加热工作台使之恒温。

（2）PLA聚乳酸。PLA也被称为乳酸菌纤维，是一种生物可降解材料，由植物中提取的淀粉原料制成，使用后能够被微生物降解变成二氧化碳和水，较多应用于工业领域中的吹塑和热塑。相较于ABS树脂，PLA属于无毒害性材料，加热后黏性比ABS更强，几乎不会发生收缩、变形，多色可选（图4-126）。PLA光泽度、透明度、延展度、抗拉强度和收缩率良好，支持打印大尺寸模型。

图4-126 各种颜色的PLA打印线材

3. 常用设备介绍

（1）MakerBot 桌面打印机。MakerBot 是一家总部位于美国纽约的桌面 3D 打印设备制造商，创立于 2009 年，2013 年被 Stratasys 收购。桌面 3D 打印机因其体积小，打印快捷、方便、简单受到学校、家庭、个人爱好者以及小型工作室的欢迎。价格也比大型工业级设备便宜，对 3D 打印的民用普及起到了积极作用，也为未来可随时随地获取个性化物品奠定了基础。MakerBot 的桌面打印设备分为两类，一类为桌面级小型设备，另一类为兼具工业级效果的设备。其中 ReplicatorZ18、Replicator+、Replicator Mini+ 等机型的打印分辨率为 100μm，喷嘴直径为 0.4mm。MakerBot 不仅开发了自用软件，还开发了手机 App，优化、精简了 3D 打印流程。

（2）Stratasys FDM 系列机型。FDM 技术还应用于工业级大型打印设备，被 Stratasys 公司作为核心技术，开发了系列 FDM 高端机型，如 Fortus 380mc、Fortus 450mc、Stratasys F900 等。成型精度、尺寸、产能代表了 FDM 技术的发展水平，可直接用于打印产品级零部件。高端系列机型支持尺寸为 355mm×305mm×305mm、406mm×355mm×406mm、914mm×610mm×914mm 以内的大体积工件。材料多样，有 ABS、半透明 ABS、抗静电 ABS、PLA、FDM 尼龙等。设备内置自动切片以及自动生成支撑结构的操作，能够通过内置监控系统，管理打印设备的生产状态，帮助工厂将生产效率、产量和使用率最大化利用，并尽可能地缩短生产时间。

4. 制作特点与注意事项

（1）打印精度限制。桌面式 3D 打印速度快、获取简便，但加工精度不高，对于表面的微小凸起以及体积较小的物体加工能力较弱。打印精度往往由喷头的宽度所决定，而大部分的桌面机喷头直径为 0.4~0.5mm。

（2）表面可见层纹。表面可见台阶式层纹，不适合精细化处理。由于 FDM 特殊的成型方式，加之打印机喷头的直径限制，导致成型后的物件能够看到较为明显的层纹。

（3）多色材质可选。ABS、PLA 因为具备很好的上色性，能够选购到多种色彩的打印材料，通过热熔丝本身的颜色表现工件的色彩属性。使用 FDM 技术打印多以验证外观为主，颜色不作为主要的评估对象。市面上陆续出现了渐变色、丝绸质感、温感变色等 PLA 材料，丰富了桌面式打印机的使用效果。

5. 典型制作案例

设计名称：Color Fun

设计师：宋懿

该胸针以有趣的色彩为主要特征，采用了 FDM 熔融沉积打印成型方式，选用彩色的 PLA 材质，通过逐层堆积固化成型。FDM 属于最为简易的 3D 打印方式，表面精度不高，可见明显层纹。胸针的主体造型采用弧面球形，特意加宽底部直径，避免添加外部支撑，以确保获得较佳的表面效果。

第一步　使用JewelCAD软件建造模型，为了节省打印时间，模型内部为中空，壁厚能够支撑打印直立，输出保存为STL格式文件（图4-127）。

第二步　将STL格式的文件导入切片软件Cura中，自动添加内部与底部支撑，避免在造型外部添加支撑，减少对模型外观的影响。设置切片层厚为0.2mm，材料丝直径为1.75mm，打印头温度为200℃（图4-128）。

第三步　更换、安装PLA打印丝材料，将工作台和喷头预热。检查工作台水平度，打印头在工作台四角接触，检测水平状态。在工作台刷一层白乳胶，固定工件（图4-129）。

第四步　开始打印后，喷头挤出融化后的PLA材料，按照分层后的模型文件从下往上逐层打印，时间约40分钟。打印初期，需观察是否出现位移、缠丝等情况（图4-130）。

第五步　打印完成后，喷

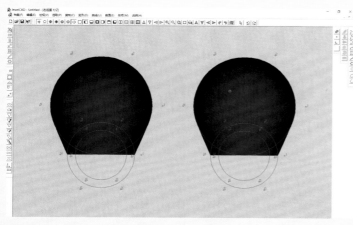

图 4-127　使用 JewelCAD 软件建模

图 4-128　在数控软件中设置参数和添加支撑

图 4-129　打印前设备准备

图 4-130　工件逐层打印并观察

头归位。使用铲刀将工件铲下，检查外观打印效果。模型底部为乳胶固定，比较容易取下，不会跟工作台发生粘连（图4-131）。

第六步　为了增加稳固度，模型底部增加了圆柱支撑，需要手动将支撑剪下，获得完整的PLA打印工件。去除支撑时可以借助剪钳等小型工具（图4-132）。

第七步　金属件采取常规铸造，经过电镀后获得金属配件，准备与PLA打印部件黏合装配。确保模型底部孔洞直径与金属头匹配，才能顺利插入固定（图4-133）。

第八步　装配完成后，获得胸针成品，同样采用3D打印与常用首饰加工结合，PLA打印部件拥有良好的色彩饱满度，增加了首饰的趣味感（图4-134）。

图 4-131　模型逐层打印结束

图 4-132　去除模型中心支撑

图 4-133　金属配件准备与组装

图 4-134　胸针成品制作效果

（七）PolyJet 全彩3D打印技术

从各类3D打印技术中，能明显感受到材料应用存在单一性，而PolyJet打印技术的问世，拓展了材料的应用空间。PolyJet全彩聚合物喷射打印技术是以色列Object公司在2000年发明的，工作原理跟喷墨打印机类似，属于快速光固化成型原理的一种。PolyJet可提供数百种不同物理性能的复合型光敏树脂材料，实现材料的混合打印，同前面章节介绍到的光敏树脂3D打印技术原理相同。超薄分层的光敏聚合材料从设备中喷射出来，在UV紫外光的照射下固化成型，直到工件制作完成，其分层固化的方式跟FDM熔融沉积快速成型技术如出一辙。

PolyJet优质的打印特性能够获得精密、复杂的造型部件，表现良好的细节品质，打印精度在0.06~0.1mm，可同时使用多个喷头。PolyJet最重要的特点是支持多色、多材质同时打印，以及为立体造型表面进行"像素照片式"贴皮，支持高达14μm的层分辨率和36万色真彩色喷印（图4-135、图4-136）。在多材料选择上，以光敏树脂为主，支持透明材料、柔软橡胶同时打印，可以生产不同颜色、透明度、硬度、柔性或热稳定性的复合工件。目前，PolyJet技术可选择的材料超过上百种，弥补了其他打印技术材质单一的缺点，节省了分部件打印的烦琐程序。在多色彩成型中，需要在建模时将不同颜色的模型分开，分别给色，使其被同时打印。特殊的色彩需求，可以使用红、黄、蓝三原色的树脂材料进行混色。

PloyJet的打印成本略高，成型工件的强度和耐久性都有待进一步提高。在医疗行业中的应用较为广泛，可以表现人体内部的血管、骨骼、器官，在教学、仿真训练和指导治疗中发挥了重要作用。在首饰设计中，PloyJet打印技术的多色彩和多材质有着广泛的应用空间，有待设计师们进一步挖掘。

图 4-135　PloyJet 贴皮样品

图 4-136　PloyJet 多彩色打印样品

四、首饰激光加工技术

激光加工技术可利用数字信号对加工运动、对加工过程进行控制，结合了光学、材料学、机械工程以及数控计算机技术等综合加工手段。我国的激光加工技术发展迅速，并逐渐渗透到各个应用领域，如激光焊接、激光切割、激光打标、激光雕刻、激光快速成型等，陆续开发出了大功率、大幅面、自动化程度高的数控激光加工设备，并且不断更新迭代。

激光切割技术和激光刻字技术是利用激光为加工媒介，通过计算机控制，使被加工材料在激光高温照射下瞬间气化或融化的制作方式。激光照射需要跟工件保持距离，无须固定，不会破坏加工表面，更为简单、实用，加工速度快、周期短，设备投入少，加工成本较低。可应用材料范围广泛，不受材料弹性、柔韧性影响，即便是纸、皮革等软质材料也可以被激光切割。常见的加工材料有亚克力、木料、布料、皮革、纸张、玻璃、大理石、玉石等。各类激光设备中常用的激光器有 CO_2 激光器、YAG 激光器、准分子激光器、半导体激光器和光纤激光器等，其中大功率的 CO_2 激光器和 YAG 激光器常用于大型工件的激光加工，中小功率的 CO_2 激光器、YAG 激光器以及光纤激光器较多用于首饰的超精细加工。

（一）激光刻字技术

1. 制造原理与方法

激光刻字技术是在加工过程中，结合计算机数控技术，根据矢量文件的图文路径，使激光头与工件产生相对运动，利用高能量密度的激光束照射在工件表面，使光能瞬间转化成热能，高温使工件表面迅速汽化，从而刻出任意文字、符号或图案等。首饰中常涉及大量字印、字符、图案的加工需求，如按照国家标准或行业标准标记材质、纯度等产品信息或永久性的防伪标志。设计师使用文字、数字、符号、纹理作为设计元素装饰表面等。激光刻字技术可以获得表面光滑、清晰、均匀的凹陷效果，激光光斑直径细微，热影响小，不触碰或损坏首饰精细表面。用于首饰的各类激光刻字设备加工分辨率高，可实现精细化字印雕刻与图案装饰，达到微米级别。

专用于首饰的激光刻字机，设备整机趋于简化，外观小巧且操作方便。首饰类较多使用光纤激光打标机，能获得更好的光束质量以及更长的使用寿命。支持最小线宽0.01mm，每扫射一层吃进层厚约0.02mm，根据设备配置不同功率如10W、20W、50W等机型，设备功率越大刻字力度和效率越高。激光刻字设备需要数控软件进行驱动和操作，常用的激光数控软件为 Ez Cad，用来可视化图形、设置刻字功率、重复次数等加工参数以及设备操作（图4-137）。

2. 材料种类与特性

激光束直径纤细，材料消耗较小，加工前材料表面尽量光洁。可加工的材料有各类金属、木质、亚克力、树脂等，材料适用范围广泛。当激光刻字作用于金属表面时，可烧灼出微米级别深度的线条，使颜色和反光率与未经过照射的材质形成对比，造成视觉反差，显现图文。

3. 常用设备介绍

BesCutter 光纤桌面刻字设备。此设备是一家致力于开发、生产和销售激光加工设备的国际制造商，广泛用于金属零件、金属工艺品、家居装饰和机械制造领域。其中光

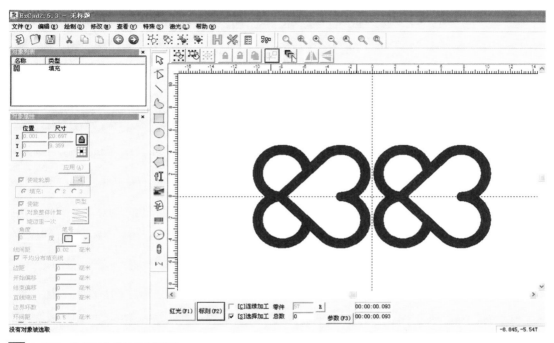

图 4-137　激光刻字软件控制界面

纤激光设备 MOPA-20W-M6 和 MOPA-30W-M6 型号，拥有 20W 和 30W 两种不同功率可选，稳定性好且精度较高。可应用于金属或非金属类材料，最大可选标记区域为 30cm×30cm，支持脚踏板操控，以增加生产效率。设备除了支持 Ez Cad 数控软件外，同时兼容 CorelDraw、Illustrator、Auto CAD 等软件。

4. 制作特点与注意事项

（1）刻字强度。激光强度越大，雕刻深度也就越大，可以利用数控软件进行强度调节。首饰刻字常分为深刻和浅刻两种，深刻的功率设置百分比为 65~95，多遍重复来回深刻（图 4-138、图 4-139）；浅刻的功率设置百分比为 25~35，重复 1~2 遍即可（图 4-140、图 4-141）。深刻需要在刻字结束后清理、抛光，浅刻则需要抛光结束后再刻字。烧灼痕

图 4-138　清理前激光深刻戒指

图 4-139　清理后激光深刻戒指

迹较浅可以使用酒精擦拭，烧灼较深需要使用清光布轮清理（图4-142）。如果希望字形轮廓更加清晰、规整，可以将设备功率调低，扫射清理边缘。

（2）工件固定与预览。加工中激光束不会触碰工件，平面类的工件只需水平定位，为了工件不来回错动，会使用胶黏土辅助定位，贴合后水平放置即可。加工戒指、手镯类立体工件，可以使用胶黏土或可调节夹具固定。开始加工前，利用灯光照射加工区域，提前预览定位（图4-143）。

（3）弧面刻字。戒圈、手镯或者弧面曲度较大的工件刻字，加工区域较长，可以分段加工，人工转动确认刻字位置，但较易出现对位误差。也可以装配自动旋转轴，在数控软件的控制下，激光头和旋转轴配合连动，为立体工件的刻字、打标提供了便利（图4-144）。

（4）加工问题。激光加工效果精细，可实现复杂图案和字形效果，但刻字区域不能有任何形体遮挡。另外，不同型号的激光设备功率不同，如果功率较小，在加工深度较大的刻字时难以确保加工质量和效果。

图4-140　清理前激光浅刻戒指

图4-141　清理后激光浅刻戒指

图4-142　激光深刻清理前后对比

图4-143　激光刻字前预览定位

图4-144　激光转轴刻字

5. 典型制作案例

设计名称：One Way Flight

设计师：宋徐俊男

该设计为叙事性首饰作品，设计师希望通过首饰挖掘、记录友人的珍贵回忆以及背后故事。该件作品为"Keep Sake - Memories of Vane and His Darlings"系列作品之一，视觉主体为一张拟造的金属行李登机牌，用来纪念和展示旅行中的特殊要素。使用Illustrator软件制作矢量图形，利用激光刻字工艺，按照图形路径进行激光蚀刻（图4-145、图4-146）。设计中图、文相互配合模拟行李登机牌的视觉要素，并使用激光刻字技术完成信息再现和加工，帮助设计师与佩戴者形成视觉沟通，表达叙事创作理念。

图 4-145 设计作品 One Way Flight 矢量图 设计师：宋徐俊男

图 4-146 设计作品 One Way Flight 成品 设计师：宋徐俊男

（二）激光切割技术

1. 制造原理与方法

激光切割指的是以聚焦高功率激光束照射工件，材料在激光点的照射下急剧升温达到沸点后汽化，随着激光束与工件的相对运动，完成穿透切割。随着激光切割技术的发展，热影响区和热变形逐渐减小，切割位狭窄，可切割厚度也有进一步提高。由于激光束的可控性强，支持切割各种复杂形状和图案。

激光切割分为汽化切割、熔化切割、燃烧切割等方式，根据加工材料可分为金属激光切割和非金属激光切割。加工时，需根据工件的材料与厚度，选择不同的加工设备。目前，国内可切割低于约12mm厚的低碳钢板、低于约6mm厚的不锈钢板以及低于约20mm厚的非金属材料。所加工材料越厚、硬度越强对于设备的要求越高，加工的速度越慢，切口宽度越大。

切割加工通过RD Works激光切割软件控制，用于各类工程切割操作以及自定义切割

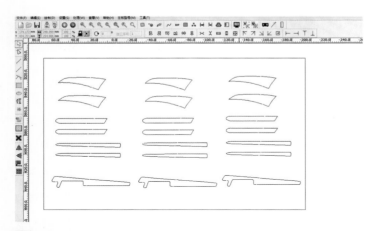

图 4-147 激光切割数控软件界面

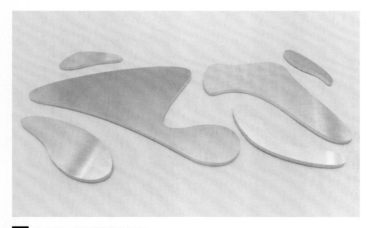

图 4-148 不锈钢激光切割

图 4-149 黄铜激光切割设计作品　设计师：白雨冰

参数，导入矢量文件或位图文件，在加工区域完成多文件合并，一次性输出制作，提升了加工效率（图4-147）。

2. 材料种类与特性

（1）金属。用于激光切割的材料不受硬度影响，软质、硬质都可以被切割，如不锈钢、铝合金、钛合金、铜合金等，从轻薄薄片到厚重的板材，只要在设备功率允许范围内都可被切割（图4-148、图4-149）。评价金属切割加工质量的好坏，需要关注切口的平行度、有无毛刺和切割后的粘渣与粗糙度等。

（2）木质材料。也是常见的切割材质，如椴木板、密度板等，常用于建筑模型的建造（图4-150）。由于材质较软，容易被激光气化，不同木质的密度不同，需要根据具体硬度

图 4-150 激光切割椴木

设定激光功率（图4-151、图4-152）。木质经过激光烧灼，边缘发黑，有一层很薄的碳化层，可经过后期打磨去除，也可以喷漆覆盖（图4-153）。

（3）亚克力。也是常见的切割材料，质地较软，容易被切割（图4-154）。经过激光切割的亚克力边缘不会明显发黑，如果对边缘精度要求高，可后期手动打磨、抛光（图4-155、图4-156）。

（4）皮革、纸张、面料。这些都属于软性材料，是激光束良好的吸收体（图4-157~图4-159）。由于材料导热率小，热量的传导损失小，热能可几乎全部吸收，使材料较快消失形成切割。

3. 常用设备介绍

Epilog Laser是一家以经营CO_2激光雕刻系统为主的美国设备制造商，致力于设计和

图 4-151 激光切割椴木镂空图案

图 4-152 激光切割椴木图案

图 4-153 激光切割椴木边缘

图 4-154 激光切割亚克力

图 4-155 激光切割亚克力镂空

图 4-156 激光切割亚克力图案

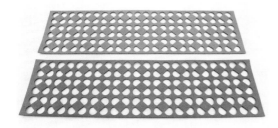

图 4-157 激光切割皮革

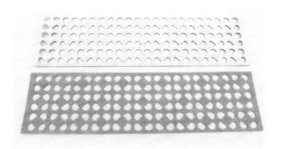

图 4-158 激光切割不织布

制造高质量的激光系统。2008年以低成本入门级CO_2激光雕刻系统逐步打开市场。其中Zing Laser系列属于小尺寸加工设备，可以满足小型工作室的创业需求，分为Zing16和Zing24两个型号，具备不同的加工区域和可选择的激光功率。Zing Laser系列具有内置网络，支持USB和无线连接。另外，Legend系列属于多功能CO_2激光机，支持对木材、塑料、石材等材质的高质量雕刻

和切割，而Epilog Fusion Pro机型则提供了业内最快的雕刻速度，同时内置摄像头帮助加工工件精准对位。

4. 制作特点与注意事项

（1）切割质量。可从以下方面评估切割质量：加工精度是否符合设计要求，如轮廓是否清晰、线条是否平滑、切割镂空间距是否充分、切缝是否狭窄等。另外，切边的平行度或垂直度要好，切割表面光洁，工件背面没有粘渣，加工

不良会使后期的精细化打磨产生额外工作消耗。此外，关注激光束对材料的热影响，不能产生明显变色或变形。

（2）切割补偿。激光切割时切缝宽度与激光器光斑直径关系密切，对较厚的金属切割，可能形成比激光直径更宽的切口。如果需要精密切割，可根据不同的切口宽度在矢量图形上进行补偿，也可以将打磨的损失一起补偿到图形上。

（3）图案排布。不同机型对最小切割的宽度限制不同，在图案设计和排布时需额外注意。另外，要了解图形加工的最小间隔，避免重叠线、共线排列，也避免出现"切割孤岛"，对于切割后需要继续保留的图形，制作连接桥和断口（图4-160）。切透的图形线必须闭合，并且预留四周加工余量，确保加工完整。以加工精度为±0.2mm的燃烧式激光切割为例，切割补偿为0.1～0.2mm，最小切割宽度需大于或等于2mm，切割间隔2mm以上，每个图案可以增加2～5个连接桥或断口，断口宽度为0.6～0.8mm。

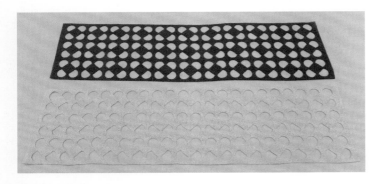

图 4-159　激光切割雪纺

图 4-160　激光切割的桥接

5. 典型制作案例

设计作品：Art Viewer

设计师：周晔熙、梁佩怡

　　该系列设计参考了首饰语言表现艺术家罗伊·利希滕斯坦的绘画特点，将其标志性的"圆点"和漫画风格叠加形成首饰的设计方案。在制作中，选择激光切割技术对透明亚克力、黑色亚克力进行切割，分别制备胸针的主体造型和局部镶嵌。使用矢量软件绘制切割图案的外轮廓，并导入到激光切割的数控软件中设置参数（图4-161）。矢量路径控制激光头的位置移动，获得切割边缘良好、光滑的亚克力配件。然后使用丝网印工艺将阵列整齐的圆点图案附着在亚克力表面，突出罗伊·利希滕斯坦的独特绘画语言（图4-162）。最后将亚克力片嵌入到金属件中，完成成品的制作过程（图4-163）。

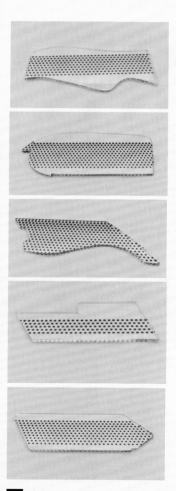

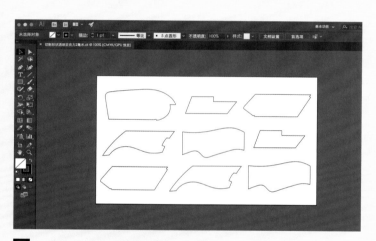

图 4-161　Illustrator 软件制作矢量图形

图 4-162　切割工件丝网印图案

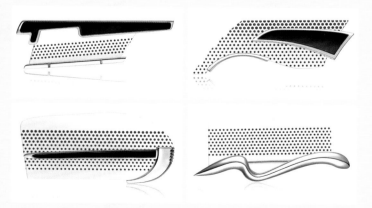

图 4-163　激光切割胸针成品

五、首饰冲压模具技术

（一）技术特点与加工过程

冲压工艺指的是借助专用冲压设备的动力，使加工材料在模具中受压变形，对首饰进行切断、塑形或表面图案的快速生成，冲压多数在材料常温状态下进行，所以也称其为冷加工冲压（图4-164）。冲压过程中使用的模具简称冲模，起到重要的塑形作用，冲压模具、冲压设备和冲压材料构成了冲压工艺的三要素。冲压设备有气动冲压机、液压冲压机、手动冲压机等。

模具冲压工艺的优点在于生产效率高，冲压工件具备轻薄、均匀、表面整洁等特点，减少出蜡、修蜡、打磨等工序环节，加工效果稳定且重复性高，可降低首饰批量生产的成本（图4-165）。相对于手工执模，能够保证造型的统一性和稳定性，但模具本身制备成本较高，适合批量生产，以降低单件的生产成本。

首饰冲压模具制备的过程为：根据设计图进行冲压工艺分析，借助CAD软件完成模具结构设计，使用CNC数控技术和电火花技术制作铜工与模具，模具装配后进行试冲压，评估工件的制备效果。模具的精度直接影响其使用寿命以及工件质量，越粗糙越不利于工件脱模，加快形腔的效用丧失。复杂的大型工程需按照国家标准进行精度控制，如冲裁件的尺寸公差、弯曲件的精度、拉深件的精度、冷挤压件的精度等。

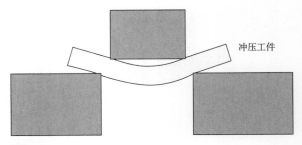

冲压工件

图 4-164　模具冲压原理图

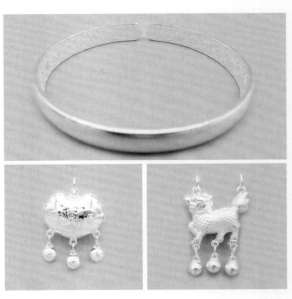

图 4-165　模具冲压首饰产品

（二）冲压模具的准备

1. 模具的分类

首饰冲压模具按照功能分为冲裁模具、弯曲模具、拉伸模具和成形模具等。可裁断封闭的曲线、打孔，进行各种形状的折弯或卷曲，形成凸起或凹陷，修正边缘、裁切形状、制作切口、制备表面精细纹理等。模具在冲压成型中能够形成切断、落料、冲孔、切口、修边、压弯、卷边、扭弯、拉深、起伏成型、翻边、校平、整形、压印、冷挤等效果（图4-166）。

2. 模具的制备材料

冲压时，模具的凸模和凹模会受到强烈冲击和摩擦，对模具材料的硬度、韧性、耐磨性以及抗疲劳性要求较高，首饰类冲压模具常见的材料为各类型号的钢材质。

3. 冲压造型

模具冲压虽然是一种高效的制造手段，但仅适用于起伏分明的工件，形状要尽量对称，表面造型的起伏不宜过大，否则容易造成脱模困难以及冲压不充分。

4. 模具的寿命

模具寿命指的是模具的最长使用周期，即一副模具从正式使用到模具失效，总共生产的合格件数，不同的模具寿命从几万件到数千万件不等，模具的使用寿命越长，冲压单个工件的生产成本就越低。影响模具寿命的因素有很多，其中模具材料的好坏对模具寿命的影响最大。判定模具是否还能继续使用，主要看模具的工作效果是否能够达到生产要求。可观察模具刃口的磨损和其他形式的失效，如产生毛刺、发生尺寸变化、裁切时工件边缘弯度变大、切断面的光亮带减小等，上述因素都可以影响工件的质量。

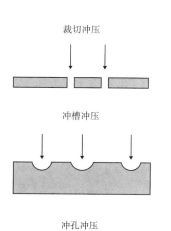
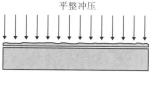

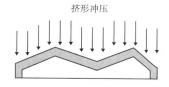

图 4-166 常见的冲压效果

（三）典型制作案例

设计作品：Wings

设计师：宋懿

该设计的造型主体采用层次起伏的浮雕曲面，每层面边缘变化较多，层次错落的位差细微，在后期打磨中容易出现边缘不实、层面磨损等现象，增加了加工难度。为了获得良好的表面效果，需采用模具冲压工艺进行制作，可精准再现设计的形态细节，获得起伏光滑、均匀的首饰工件，同时可大批量生产。

第一步 使用JewelCAD软件制作首饰模型，将耳钩删除，仅保留下方主体部位，保存为STL格式文件，进入下一步制作（图4-167）。

第二步 制备冲料模具和压形模具，使用CNC数控切削技术制作铜工件，通过刀具找平，进入粗加工、精加工等制作过程，获得与CAD模型一致的铜质浮雕工件（图4-168）。

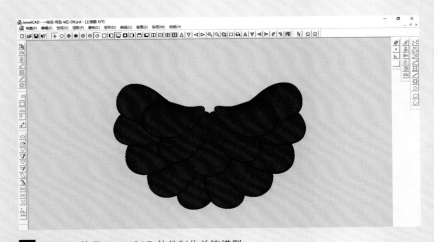

图 4-167 使用 JewelCAD 软件制作首饰模型

图 4-168 CNC 数控切削制作铜工

图 4-169　电蚀获得模具

图 4-170　制备冲料模具和冲头

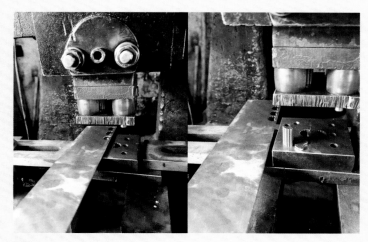

图 4-171　裁切金属片料型

　　第三步　使用电火花工艺，使设备电极之间产生脉冲放电对模具进行电蚀，工具和工件之间不断产生脉冲性火花放电，利用放电时瞬间高温把材质逐步电蚀，获得压形模具（图4-169）。

　　第四步　使用电火花线切割工艺制备冲料模具和冲头，使用火花放电，瞬间的高温局部熔化金属表面，利用连续移动的电极丝进行脉冲火花放电腐蚀金属，达成切割成型（图4-170）。

　　第五步　选择合适厚度的铜质金属板，使用手动冲压设备和冲料模具，将金属片裁切，制作料型。裁切后使用冲头将料片从模具孔中取出备用（图4-171）。

　　第六步　将冲裁下来的料片放入压形模具中，将模具安装在油压设备上，模具按照定位孔合并后启动设备，通过加压，将平面料片冲压出立体造型（图4-172）。

　　第七步　成型后工件会有飞边，使用冲料模具将飞边切掉。将工件倒转放入冲料模具孔，上下挤压后使飞边与主造型分离，用冲头将工件从孔内取出，获得冲压工件（图4-173）。

第八步　得到冲压件后，焊接耳钩，进行后期清理与抛光，经过表面电镀，得到表面起伏均匀、错落有致的耳饰成品（图4-174~图4-177）。

在不可逆转的数字化进程影响下，越来越多的制造技术被引入首饰设计中。跟工艺美术不同的是，当代设计的目的不再局限于精专某种技艺，设计师作为技术的整合者，需结合设计诉求，选择、组织合适的加工方式完成设计目标。在制作过程中，技术的复合性、集成性、协同性和多样性得到了充分的体现，往往需要多种加工方式的协作与配合。

图 4-172　冲压立体造型

图 4-173　分离金属工件和飞边

图 4-174　获得完成的冲压件

图 4-175　耳饰成品制作效果

图 4-176　耳饰成品实物场景图

图 4-177　耳饰成品实物模特佩戴图

思考题

1. 什么情况下首饰三维模型需要添加连接和支撑？

2. 请举例说明减材制造技术、等材制造技术和增材制造技术的特点与应用现状。

3. CNC 数控加工技术的工作原理是什么？哪些材料可以用于 CNC 数控加工？

4. 3D 打印能否改变人们未来获取物品的方式？想要随时随地获得个性化物品，需要具备哪些前提条件？

5. 各类 3D 打印成型技术的原理是什么？各自的加工特点和优势如何？

6. 你使用过哪些数字化制造技术，这些技术帮助你优化加工过程以及提升制作效率了吗？

第五章

数字化展示与传播

数字化不仅作用于设计和制造，产业链上的各个节点，如展示、营销、传播中也渗透了越来越丰富的数字化要素。英国奢侈品品牌Burberry前CEO安吉拉·阿伦德（Angela Ahrendts）说："时尚已经不是一个可以定义时代的产业了，数字化作为消费生活的方式，已经成为生活中的重要组成。"随着互联网、电子商务、社交媒体的兴起，线上线下协同发力，无论是展示手段、信息内容还是辅助决策，技术作为重要工具，努力从各个角度与受众建立新的沟通关系，重新定义自身的属性，实施多元化的传播场景与感官刺激。

一、首饰数字化虚拟试戴

虚拟试戴指在无法真实佩戴的情况下，使用虚拟方式帮助消费者形成佩戴体验，达成购买决策。除线上外，线下商店也设置了虚拟试戴，节省顾客试戴时间，方便其浏览更多商品，增强互动体验并刺激消费需求。

在试戴过程中，数字化技术通过虚拟的"真实感"，还原佩戴效果。涉及首饰款式数字化、试戴者身体信息采集、虚拟场景建造、虚拟导览等关键内容，以屏幕为介质，交互呈现。戴比尔斯旗下钻石品牌Forevermark早在2011年就在网站上推出了虚拟试戴体验项目"My Forevermark Fitting"，用户下载应用程序后可以坐在电脑前试戴吊坠、耳环和戒指。国内珠宝品牌现也纷纷开设虚拟试戴体验珠宝门店，利用增强现实技术丰富消费者的购物体验。2017年周大生与天猫合作的智慧门店中增加了"智能魔镜"试戴装置，提供会员购物记录和虚拟试戴功能。2018年周大福也将集自助售卖、智能试戴、便捷支付三大功能于一体的"智能售卖机"进行实地应用。

（一）二维虚拟试戴

首饰虚拟试戴的方式有很多种，二维首饰虚拟试戴应用较为简易，以二维图像叠加预览佩戴效果，优点是硬件要求低，只需调用首饰的二维照片，结合试戴者的手部、头部或颈部的照片，自动进行叠加。创建于2005年的国际珠宝品牌Brilliant Earth在购物APP中开辟了"虚拟试戴模块"，每款钻戒的下方设置有"Virtual Try-On"按钮，指引消费者拍摄手部照片，拍摄完成后，屏幕内自动在手部照片上叠加该款戒指的图像，消费者可以手动拖拽和放缩戒指图像，与照片中的手适配。该APP支持选择不同形状、尺寸的钻石以及戒指材质，组合完成的照片可以本地保存，也可以通过邮件发送给朋友，分享佩戴效果、询问购买意见。印度在线珠宝商CaratLane也开发了虚拟试戴APP，不仅可以试戴戒指，还可试戴1000多件耳坠、项链等，拥有巨大的展示数量，帮助品牌展销产品。Shop 4 Rings是由Tryon.guru团队开发的移动珠宝商店，也是一款帮助顾客选择订婚戒指的虚拟试戴APP，顾客选择款式后，点击试戴按钮，程序自动开启手部拍照功能，生成手部照片后与戒指自动叠加，并可手动缩放大小与调整位置。该种试戴方式还被广泛应用在眼镜、发型、化妆品、美甲的试用上。

（二）AR虚拟试戴

AR增强现实技术（Augmented Reality）是将虚拟信息与真实世界巧妙融合的技术，增强现实世界叠加虚拟要素的感官体验。其优越性表现为首饰图像叠加在真实人体上，随着身体动作产生跟随和移动，带来更为真实的感觉。基于AR增强现实技术的首饰试戴，比二维照片叠加更能获得良好体验。Lologem是一家韩国专注耳环销售的珠宝商，开发了基于面部跟踪技术的虚拟试戴APP，试戴者通过手机摄像头将首饰叠加在真实的动态影像中，无论转动身体还是改变身体距离，首饰始终紧贴试戴部位，效果更为逼真。

除APP外，线下门店也纷纷推出AR试戴设备，以屏幕为展示媒介，通过摄像头自动识别试戴者的头部和颈部，使试戴者在程序界面的引导下触屏选择商品。商品被点击后，借助3D实时渲染技术，可同步跟随在试戴者身上。线下虚拟试戴的购物体验，能减少产品磨损，实现展示量多于店内储存量，可以获取、分析顾客的浏览数据和操作记录，洞察消费者行为喜好。

（三）三维虚拟试戴

三维虚拟试戴是基于人、物、环境的全三维信息获取，在"虚拟空间"中将"虚拟首饰"佩戴在"虚拟身体"上，还原真实性。"虚拟空间"和"虚拟首饰"可以借助计算机图像技术，在恰当的场景下触发试戴需求，而每位顾客的"虚拟身体"可以有多种途径进行获取。"衣脉科技"可利用线上APP和线下试衣镜，为顾客拍摄面部照片，通过三维人脸重建技术，识别顾客的真实五官，通过智能提取、三维融合与美肌功能，将真实的五官重建到虚拟人脸上。面部虚拟完成后，手动选择与自己身体接近的三围数据、身型数据，一个接近真实的"虚拟顾客"就在屏幕中创建出来了。不同款式的衣服通过数据匹配，穿在不同体型和面孔的虚拟消费者身上，呈现穿着效果。"衣脉科技"的虚拟身体创建可以提供启发与借鉴，随着服装领域虚拟试穿技术的逐步成熟，首饰领域也将探索出更多的三维试戴技术，改善已有试戴方式存在的局限。

二、首饰数字化虚拟展示

展示是一门独立的综合设计形式，在既定空间和时间内将展示的主题和目标，以视觉内容的形式传达给受众。首饰展示较多以静态为主，受物理时空影响，以看到实物的客观存在为目标，是基于客观条件的有限展示、单一展示。而数字化虚拟展示，不再局限于当下物理时空条件，除视觉刺激外，增加了多维空间中的信息交互，不断升级感官体验，更具互动性、沉浸感和跨时空感。新技术催生新的展示方案，伴随着360°幻影成像技术、增强现实技术、虚拟现实技术、混合现实技术的发展，首饰的展示方式得到了多样化的衍生。

（一）360°幻影成像

20世纪90年代，360°幻影成像已经在发达国家的公共领域投入使用。已故英国著名服装设计师亚历山大·麦昆（Alexander McQueen）在2016年"Widows of Culloden"作品发布会上，使用了由 Glass Works 影像工作室制作的360°幻影成像装置，名模凯特·摩丝（Kate Moss）穿着飞舞的纱裙，透过影像装置做着各种动作，呈现给在场观众美轮美奂的虚拟景象。幻影成像的视觉感受跟二维介质的屏幕不同，虚拟画面直接在三维空间中成像，如同在空气中一般，真实感更加强烈。

360°幻影成像技术是通过影像装置和三维动画配合形成的视觉效果，装置由透明光学玻璃制成倒锥体，观众视线能从任意角度穿透，计算机控制投影仪将视频发射器的光发射到棱镜上，通过反射汇聚到一起后形成具有立体纬度的空间影像。成像效果具有明显的立体感、空间感和透视感，并且色彩饱满，不需要借助任何外部设备就可以实现裸眼3D效果。由于屏幕透明度较高，也常将虚拟影像与实物、触摸屏结合在一起展示。

360°幻影成像较多应用在汽车、钟表、珠宝、服装等领域的展会和终端店铺陈列中，跟静态展示相比，表达形式更为丰富，立体效果明显，支持增加交互内容（图5-1）。

图 5-1　钟表珠宝展会上的360°幻影成像装置

（二）虚拟空间展示

借助 VR 虚拟现实技术（Virtual Reality）的虚拟空间建造，能有效打破信息传递中的地域局限和时间跨度，使受众沉浸其中，获得一系列的交互体验。虚拟现实不仅指单向的沉浸在虚拟空间中，虚拟世界还可以与现实生活互联。电商平台阿里巴巴在 2016 年 11 月推出了 Buy+ 虚拟现实购物技术，利用虚拟现实技术、计算机图形系统和辅助传感器，生成可交互的三维购物环境，让消费者以全虚拟的方式购买商品。

2019 年北京服装学院首饰专业本科毕业作品"Art Viewer"系列，以艺术家的作品衍生为设计来源，建造虚拟美术馆，陈列作品图像与素材来源（图 5-2）。学校为学生提供的展览条件，仅为 80cm 的正方形展台，但观众使用手机扫描二维码，可以进入虚拟的美术馆空间，360°裸眼全景浏览各个展厅，观看更多的视觉信息（图 5-3）。观众也可以切换成 VR 浏览模式，佩戴 VR 眼镜，走近图像观察细节，或者详细阅读作品的文字注释，该模式同样支持在各个

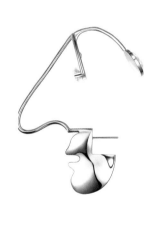

图 5-2　Art Viewer 系列首饰作品　设计师：周晔熙、梁佩怡

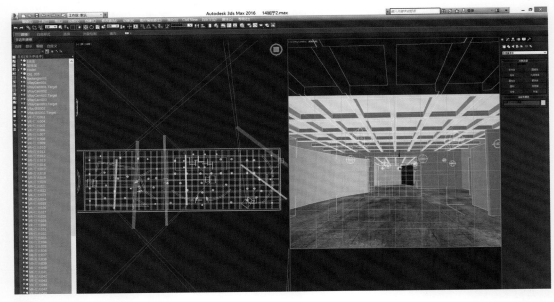

图 5-3　Art Viewer 虚拟展厅三维建模

房间里来回走动、穿梭（图5-4）。80cm展台的"有限"与虚拟场景营造的"无限"，两者形成强烈对比，激发了人们无穷的想象空间。

（三）虚拟明星与虚拟秀场

从零售店铺到秀场，从贩售产品到贩售情感体验，数字化虚拟技术与时尚场景的融合无处不在。2016年4月拥有超过100万粉丝的虚拟明星丽儿·米奎拉（Lil Miquela）在社交媒体Instagram上发布了第一条内容，使用先进的三维软件技术，丽儿·米奎拉被打

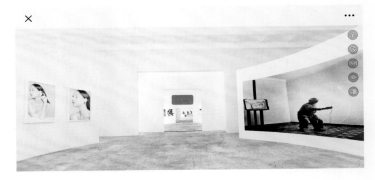

（a）

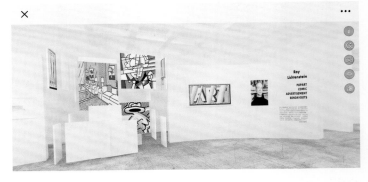

（b）

图 5-4　Art Viewer 虚拟展厅手机浏览截图

造成近乎真实"人"的状态，从头发、皮肤、服装甚至到配饰全部由计算机虚拟，并赋予真实"人格"与各大时尚品牌进行商业合作。丽儿·米奎拉的创建者利用文本、图像、微型动画、音乐，不断向公众证明虚拟明星的存在感，人们会把虚拟明星当真实的人去看待和喜欢，产生深刻的模糊感。我们不禁联想到，未来首饰的服务对象可能会从真实的人变成虚拟的人。

除了丽儿·米奎拉外，时尚领域中的虚拟明星层出不穷。2001年英国的街头霸王（Gorillaz）虚拟乐队从地下走到主流，直至2005年赢得格莱美音乐大奖。2007年日本发布Vocaloid的语音库引擎人格化虚拟偶像"初音未来"举办演唱会，2011年日本经济部长因"初音未来"的社会影响力，给她写了"为推动信息化进步做出贡献"的一封信，并发布在初音未来的Facebook页面上。国际奢侈品品牌路易威登邀请《最终幻想》的游戏角色展示时尚新品。当虚拟明星与真实的世界发生各种各样的

交互与关联时，虚拟与真实的界限变得越来越模糊。首饰，作为时尚领域的重要组成部分，也会逐渐展示出"虚拟魅力"，从实在的物体，转变为存在于虚拟空间和网络中的符号、信息。

2016年北京服装学院新媒体专业本科毕业展览中展出

了毕业设计作品"Tomorrow of Today"虚拟时装秀。课题团队与LAB30515工作室合作，针对该品牌2015秋冬系列产品，利用手机播放和VR虚拟现实头盔观看，完成了"Tomorrow of Today"的虚拟时装发布（图5-5）。在这场不依赖物理空间的时装秀

（a）

（b）

图 5-5　VR 虚拟时装秀

中，服装的面料和质感被真实呈现，数字化模特向所有观众呈现出传统秀场里的VIP视角。虚拟时装秀面向的是更大基数的消费者，而不仅是走进真实秀场的几百位观众，掌握数字化虚拟技术的设计师，能够在"没有物"的情况下"创造物"，在"有限的物理空间"中"创造想象空间"，在底层逻辑上改造展示环节的面貌，呈现极大的可塑性。

三、数据思维与个性化营销

人们基于互联网的信息交换总量不断增长，无论是社交平台、Web网站还是智能硬件，包含大量行业、企业、个人、产品、行为信息，有价值的信息通过数据沉淀、聚类分析，反映市场动态、消费趋势以及设计机会，成了宝贵的信息资产。

（一）数字身份标签

随着信息化技术的发展，出现了替代传统信息展示的数字标签，作为唯一码，通过信息集成，实现产品的管理和跟踪，成为数字化店铺的重要组成部分。与传统标签不同，数字标签完全是"不可视"的，且具有穿透性，种类有NFC电子标签、RFID电子标签等，用于交互和存储信息。RFID、NFC电子标签又称为射频标签或智能标签，内含芯片，通过射频识别完成数据的存储、读取等操作。深圳思创医惠开发的RFID标签，可以为每一件首饰置入数字编码，从仓储、物流到零售环节，代替传统标签完成出库、入库、销售、跟踪等环节。RFID标签内置的触发器还可以激活屏幕的信息显示，展示产品信息和背景故事，变身为智能导购。同时，支持数据的采集任务，将顾客的试戴次数、沟通时长、库存情况进行收集，提高店铺的管理效率。在生产、物流、销售环节中，当涉及大量产品清点工作时，装载数字标签的首饰能在十几分钟内完成上千件产品的清算，结合软件管理货品，同步输出报表与清单以及在大宗货品中单件首饰的物理定位。

（二）个性化产品推荐

消费者在某电商平台购物后，后台根据这位消费者的订单记录、购物车记录、浏览记录，进行偏好分析，继续推送相似产品增加新的销售转化，这是利用数据分析进行个性化推荐的典型场景。美国的Stitch Fix是一家基于数据分析的个性化时尚网站，成立于

2011年。Stitch Fix 的商业核心在于数据分析技术驱动的搭配推送，帮助顾客找到适合自己的产品。顾客在网站注册后，花几分钟填写个人风格问卷以及提供各种生活方式信息、个人信息，就可以获得第一批推荐。产品通过邮寄的方式送达顾客的家中，顾客完全不知道快递箱里有什么，直到打开、试穿，留下喜欢的产品，退回剩余的产品。该商业模式的关键点在于 Stitch Fix 是否足够了解顾客的喜好，来增加销售的成功率。Stitch Fix 团队包括大量的数据分析师，可结合顾客的购买记录、调查问卷、天气情况、专业造型师建议以及网络浏览痕迹等，完成个性化推送。Stitch Fix 的案例告诉我们，重要的营销决策可以不再依赖人为经验，而是利用数据科学合理预测、有效分析。

（三）数据分析与设计决策

设计师常常思考：怎样的设计会受到消费者喜欢？不同年龄、地域的人群有怎样的审美偏好？最新的流行趋势是什么？有哪些消费者需求没有被满足？当没有灵感时该如何做设计？这些问题都可以从数据分析中发现端倪，关键在于数据是否支撑设计师的决策体系。这不仅需要在前期调研、指标分析以及趋势洞察等方面投入大量精力，一方面同时还需要借助数据，充分了解用户和服务对象，如定量的数据会告诉设计师：谁？在什么时候？在哪里？用怎样的方式？做什么？定性的数据会告诉设计师：如何做？为什么？让数据为设计服务，替代直觉，提高设计的正确性，在目标指引下，把数据思维当作设计师的新工具。

?

思考题

1. 当设计的陈列与展示受到物理条件的限制时，哪些技术和手段可以帮助设计师突破局限？

2. 如果首饰不再仅以实物的形式装饰身体，你是否准备好为虚拟人物设计虚拟首饰？

3. 面向未来，首饰设计师的基础技能是什么？如果需要设计师不仅会画图与焊接，而是创造代码与编程，谁会成为你的工作伙伴？

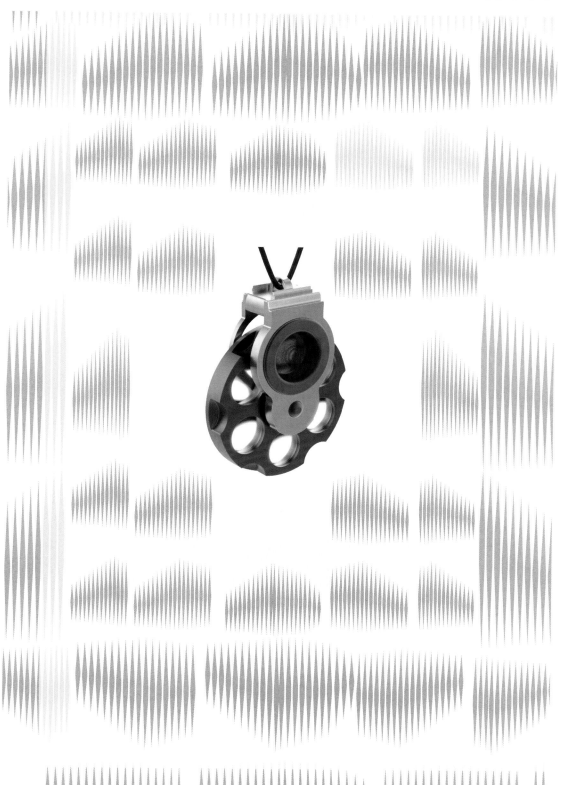

第六章

数字化设计与制作综合案例

一、综合案例 1

设计名称：New 2.5D

设计师：张泽元

　　New 2.5D系列设计以二次元文化为背景，将《山海经》中的故事角色作为造型来源，通过二维插画表现角色特点，三维化后与身体产生装饰关联。使用Illustrator软件绘制角色插画，Rhino软件进行三维首饰建模，推敲形象的立体效果，并转化为各种佩戴方案。后期制作中，通过透明光敏树脂3D打印、表面喷漆着色、金属配件组装等工序，完成成品制作。为了更好地传播设计理念，让"角色"与佩戴者产生更多互动，借助微信H5页面功能，制作角色动画，通过扫描二维码触发动画循环播放，让佩戴者在角色感知上产生交互与沟通（图6-1～图6-7）。

（a）

（b）

图 6-1　New 2.5D 系列角色设计

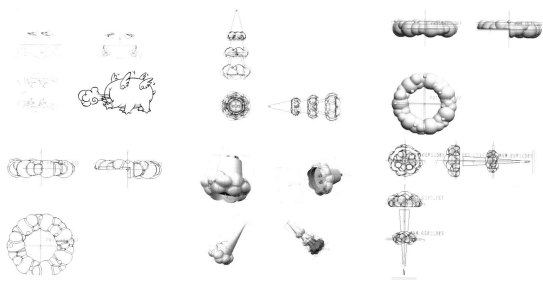

图 6-2 New 2.5D 系列三维建模过程

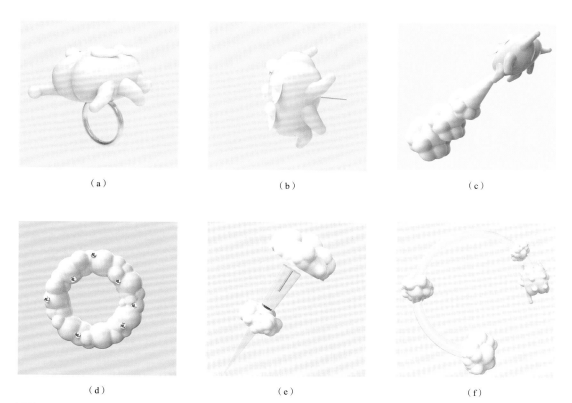

图 6-3 New 2.5D 系列三维模型

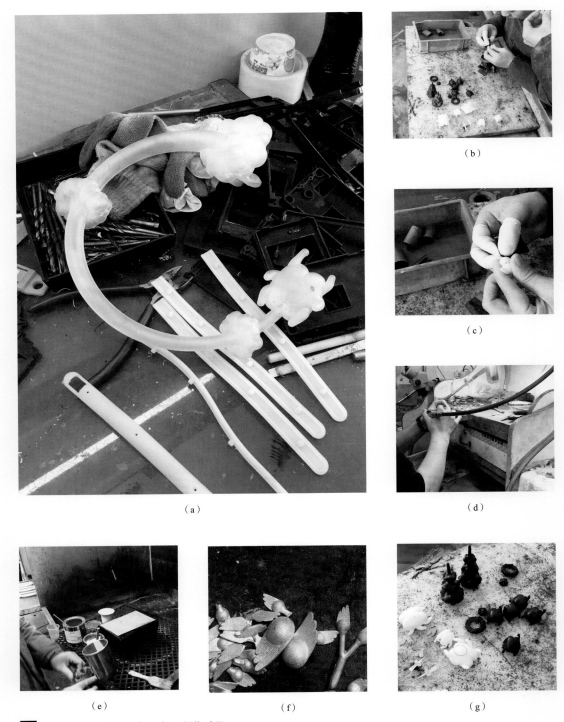

（a）

（b）

（c）

（d）

（e）

（f）

（g）

图 6-4　New 2.5D 系列 3D 打印制作过程

图 6-5　New 2.5D 系列成品制作实物

图 6-6　New 2.5D 系列手机交互动画

（a）　　　　　　　　　　　　　　　　　　（b）

图 6-7　New 2.5D 系列模特佩戴效果

二、综合案例 2

设计名称：New Cyber

设计师：李梦诗

　　New Cyber系列将赛博文化和蒸汽波风格混搭，表现青年亚文化的风格魅力。在设计元素上，使用了404、鼠标箭头、数码网格等带有数字技术特征的符号。除了尝试有趣佩戴外，使用Rhino软件三维建模，用光敏树脂3D打印呈现设计方案。为了表现首饰色彩，选择光敏树脂染色工艺，将树脂浸泡在加热的染剂中，通过时间控制和位置控制，呈现饱和蓝色和渐变蓝色，强化设计的风格属性与视觉表现（图6-8～图6-11）。

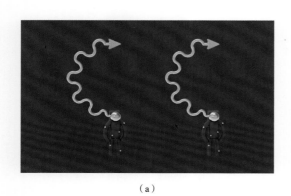

（a）

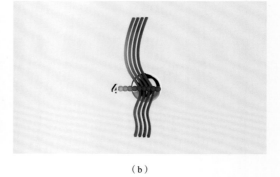

（b）

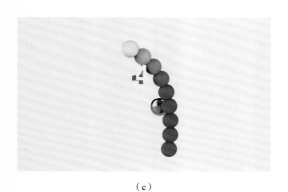

（c）

（d）

图 6-8　New Cyber 系列三维模型

（a）　　　　　　　　　　（b）　　　　　　　　　　（c）

（d）　　　　　　　　　　（e）　　　　　　　　　　（f）

图 6-9　New Cyber 系列组件制作过程

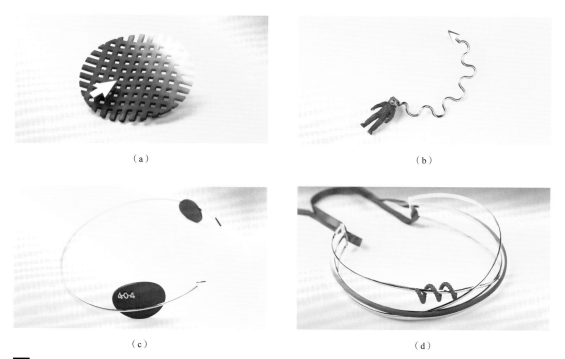

（a）　　　　　　　　　　　　　　（b）

（c）　　　　　　　　　　　　　　（d）

图 6-10　New Cyber 系列成品制作实物

（a）

（b）

图 6-11　New Cyber 系列模特佩戴效果

三、综合案例 3

设计名称：**Bad Device**

设计师：张子豪

　　Bad Device系列意在通过首饰语言，表达青年态度与情感共鸣。将首饰看作身体互动装置，以"枪"的零部件作为造型素材，重新设计装配，通过轴承带动，让首饰可以旋转、把玩。由于涉及复杂的部件组装，需要建造三维模型，验证组装效果，使用光敏树脂3D打印快速获得测试样品，反复验证部件的可用性和顺畅度。后期制作采用金属铸造、分色电镀，呈现"可玩"的互动装置首饰（图6-12～图6-16）。

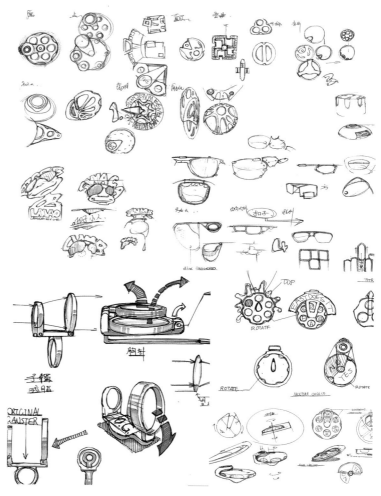

图 6-12　Bad Device 系列设计草图

图 6-13

图 6-13　Bad Device 系列三维模型

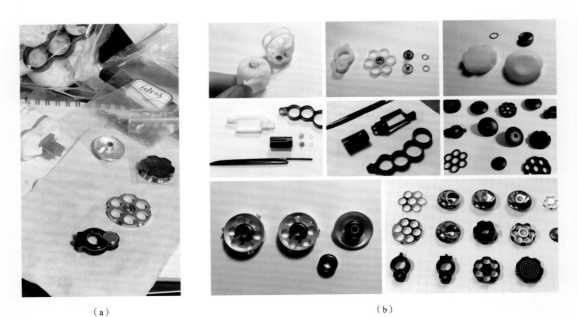

（a）　　　　　　　　　　　　　　　　　　（b）

图 6-14　Bad Device 系列组件制作过程

（a）

（b）

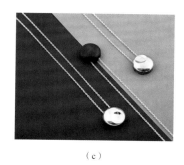
（c）

图 6-15　Bad Device 系列成品制作实物

（a）

（b）

（c）

图 6-16　Bad Device 系列模特佩戴效果

四、综合案例 4

设计名称：**Bad Face**

设计师：马存硕

　　该系列以"面具"为造型元素，表达青年态度。在造型推敲阶段，借助三维软件进行造型探索，立体呈现与多角度评估，帮助设计师筛选最佳草案。该系列分为两条线索，一是衍生可佩戴性较强的日常首饰，二是用于秀场的概念展示。日常首饰线索采用3D喷蜡、铸造、电镀、镶嵌制备。为了不遮挡佩戴者的视线，秀场款采用透明光敏树脂3D打印，经过反复打磨、抛光，表面喷涂透明黑漆，呈现黑色外观的同时不遮挡视线，支持暗环境下的自由行走（图6-17~图6-20）。

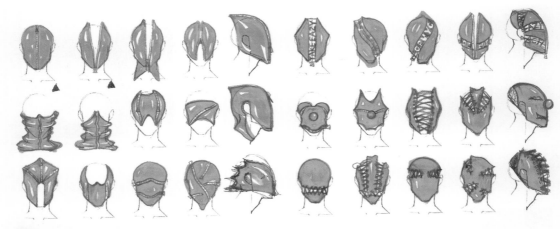

图 6-17　Bad Face 系列设计草图

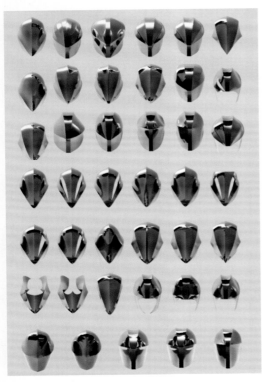

（a）

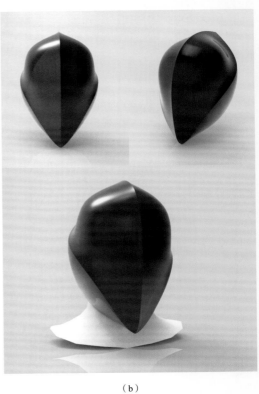

（b）

图 6-18　Bad Face 系列三维建模

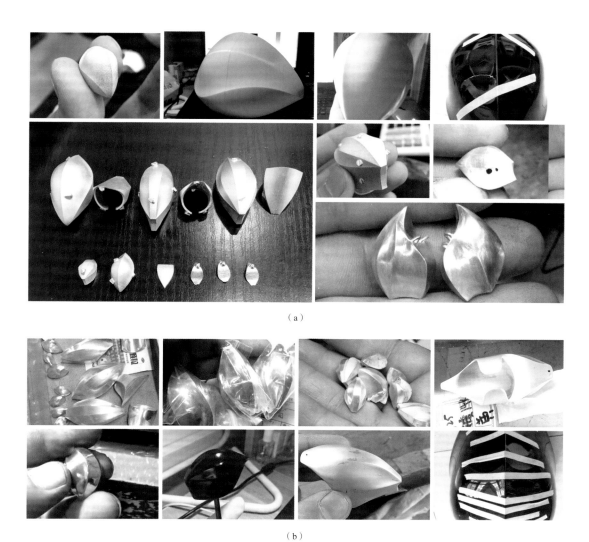

（a）

（b）

图 6-19　Bad Face 系列制作过程

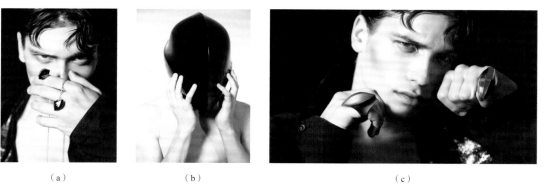

（a）　　　　　　　　　（b）　　　　　　　　　（c）

图 6-20　Bad Face 系列模特佩戴效果

五、综合案例 5

设计名称：极繁复古系列

设计师：蒋惠思

　　Z世代的青年群体热爱复古风格的装饰，设计师通过堆叠、混搭，表达特定群体的时尚审美，用多种零部件混合、组装，搭配复古系色彩和较大的造型尺度。在设计阶段，先用三维软件渲染出单独部件，再用Photoshop进行元素的重叠、发散，筛选造型方案后，再次使用建模软件优化组合细节，设计运用了大量重复部件。在制作中，使用光敏树脂3D打印成型，打磨后喷漆附着颜色，按照设计图进行拼接、组装（图6-21~图6-24）。

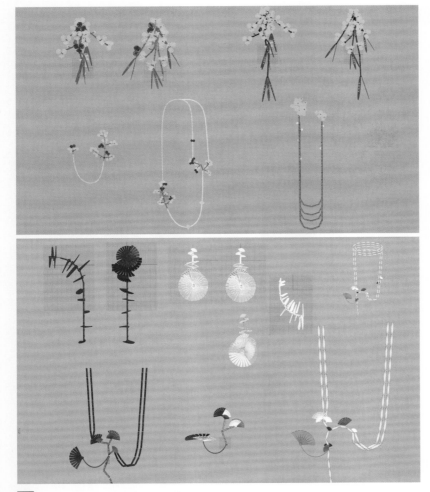

图 6-21 极繁复古系列三维模型

（a）

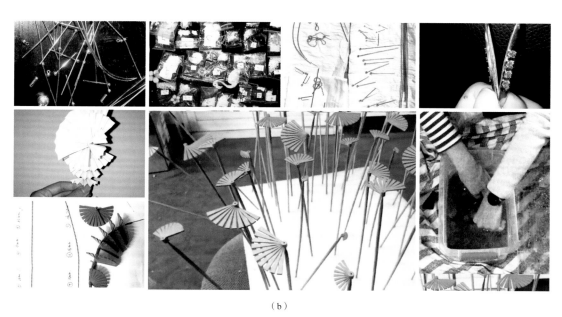

（b）

图 6-22 极繁复古系列组件制作过程

（a）

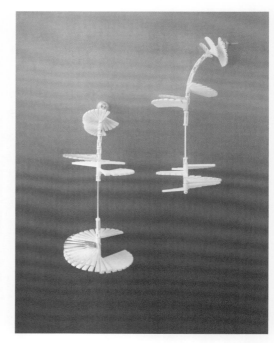

（b）

（c）

（d）

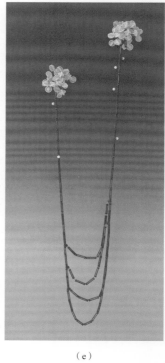

（e）

图 6-23　极繁复古系列成品制作实物

（a）

（b）

（c）

（d）

图 6-24

（e）

图 6-24　极繁复古系列模特佩戴效果

[1] 尤尔根·梅菲特，沙莎. 从1到N：企业数字化生存指南[M]. 上海：上海交通大学出版社，2018.

[2] 郭凯天，司晓. 数字经济：中国创新增长新动能[M]. 北京：中信出版社，2017.

[3] 谭力勤. 奇点艺术：未来艺术在科技奇点冲击下的蜕变[M]. 北京：机械工业出版社，2018.

[4] 王峰. 浅谈工业数字化驱动下的新工业革命[J]. 科技中国，2018（1）：23-25.

[5] 李清源. 探索工业数字化转型之路[J]. 高科技与产业化，2017（258）：62-65.

[6] 高秀杰. 区块链在全球贸易与金融领域中的有效作用[J]. 纳税，2019（220）：209.

[7] 方兴，蔡新元，郑杨硕. 数字艺术设计[M]. 武汉：武汉理工大学出版社，2010.

[8] 肖恩·库比特. 数字美学[M]. 赵文书，王玉括，译. 北京：商务印书馆，2007.

[9] 宋书利. 重构美学：数字媒体艺术研究[M]. 北京：中国广播电视出版社，2018.

[10] 王利敏，吴学夫. 数字化与现代艺术[M]. 北京：中国广播电视出版社，2006.

[11] 廖宏勇. 逻辑到情感：数字艺术美学的核心问题[J]. 求索，2009（4）：65，191-192.

[12] 刘桂荣，谷鹏飞. 数字艺术中的美学问题探究[J]. 河北学刊，2008（6）：239-242.

[13] 吴树玉. 数字技术在当代艺术首饰中的应用[J]. 宝石和宝石学杂志，2015，17（6）：44-50.

[14] 杨米娜. 浅谈数字技术对艺术设计的影响[J]. 电脑知识与技术，2015，11（28）：164-166.

[15] 杨曼. 对于艺术首饰数字化可能性的初探[D]. 北京：中央美学学院，2014.

[16] 何萌，郝亮. 数字化首饰设计的概况与研究方向[J]. 宝石和宝石学杂志，2017，19（1）：55-63.

[17] 罗伯特·伍德伯里. 参数化设计元素[M]. 孙澄，姜宏国，殷青，译. 北京：中国建筑工业出版社，2015.

[18] 徐卫国，李宁. 生物形态的建筑数字图解[M]. 北京：中国建筑工业出版社，2018.

[19] 沈文. "参数化主义"的崛起：新建筑时代的到来[J]. 城市环境设计，2010（8）：194-199.

[20] 张锦彩. 参数化建模设计方法与3D打印成型工艺在首饰设计中的应用[J]. 数字化用户，2017，23（22）：14，89.

[21] 徐卫国. 参数化设计与算法生形[J]. 世界建筑，2011（6）：110-111.

[22] 宋红阳，潘茗敏. 分形艺术：以计算机为媒介的无为设计与美学范式[J]. 艺术设计研究，2016（2）：89-96.

[23] 王冠宇. 浅析算法技术在现代首饰设计中的优势[J]. 设计，2015（21）：48-49.

[24] 张婷婷. 3D打印技术在构建参数化服装新形态中的设计研究[D]. 无锡：江南大学，2018.

[25] 姚小龙. 参数化设计下建筑形态生成研究 [D]. 武汉：武汉纺织大学，2017.

[26] 曹武阳. 产品参数化设计的研究与应用 [D]. 北京：北方工业大学，2018.

[27] 李羿璇. 基于 Grasshopper 插件的参数化灯具设计 [D]. 桂林：广西师范大学，2018.

[28] 孟翔. 设计要素信息数据化与关联系统的建立 [D]. 济南：山东师范大学，2018.

[29] MD Naushad, Nishant Kumar,Rabubieyya Aiiysha Zahra, Rupendra Pratap Singh. A Study on Digital Jewelry:Components and Methodology [J]. International Journal of Innovative Research in Computer and Communication Engineering，2017，5：5-8.

[30] Ojo Abosede Ibironke. Digital Jewelry:Components and Workability[J]. International Journal of Life Science and Engineering，2015，2（2）：33-38.

[31] Yi Song. Innovation of Smart Jewelry for the Future [J]. International Journal of Performability Engineering，2019，15（2）：591-601.

[32] 杨林. 服装制造领域 RFID 标签应用需求分析 [J]. 中国自动识别技术，2019（1）：72-74.

[33] 曹虹剑，罗能生. 个性化消费与模块化生产 [J]. 消费经济，2007（1）：35-37.

[34] 张明超，孙新波，钱雨，等. 供应链双元性视角下数据驱动大规模智能定制实现机理的案例研究 [J]. 管理学报，2018，15（12）：1750-1760.

[35] 袁红平，冯利颖. 顾客参与的个性化定制：模式探索与系统构建 [J]. 价值工程，2019，38（11）：23-25.

[36] 巫月娥. 顾客参与价值共创对顾客忠诚的影响：基于"互联网＋"大规模定制模式的研究 [J]. 重庆邮电大学学报（社会科学版），2019，31（2）：101-109.

[37] 段宝国，张晓黎. 基于快速响应的大规模定制生产模式研究 [J]. 中小企业管理与科技，2018（11）：26-27.

[38] 禹雪. C2B 商业模式下个性化定制产品定价策略研究 [J]. 科技创业月刊，2019，32（2）：53-56.

[39] 张玉斌，刘艳华，胡玉良，等. RFID 技术在大规模服装定制中的应用 [J]. 天津纺织科技，2019，229（1）：20-26.

[40] 周汉利. 钉镶首饰的设计与 Rhino 建模技法 [J]. 宝石和宝石学杂志，2011，13（4）：53-60.

[41] 胡好. 三维建模与打印技术驱动下的首饰定制服务研究 [J]. 设计，2018（4）：130-132.

[42] 黄琳. Matrix 软件在珠宝首饰设计中的应用[J]. 艺术与设计（理论），2016（9）：90-92.

[43] 李园，文海，张雪. ZBrush 数字雕刻软件在电脑首饰设计中的应用 [J]. 宝石和宝石学杂志，2017，19（1）：49-53.

[44] 刘检华，孙连胜，张旭，等. 三维数字化设计制造技术内涵及关键问题 [J]. 计算机集成制造系

统，2014，20（3）：494-504.

[45] 曾毅. 首饰计算机软件设计方法比较与应用[D]. 北京：中国地质大学，2009.

[46] 刘琴. 珠宝首饰的计算机辅助设计研究——亦真亦幻的效果图表现[D]. 北京：中国地质大学，2012.

[47] 陈明. 计算机技术在珠宝首饰生产加工中的应用研究[D]. 北京：中国地质大学，2014.

[48] 张亚先，刘勇.Rhino 5.0&Keyshot产品设计实例教程[M]. 北京：人民邮电出版社，2013.

[49] 王康慧，李都.ZBrush数字人体雕刻精解[M].北京：人民邮电出版社，2013.

[50] 祁鹏远.Grasshopper参数化设计教程[M]. 北京：中国建筑工业出版社，2017.

[51] Lucy Johnston. Digital Handmade[M]. United Kingdom：Thames & Hudson，2015.

[52] 袁军平，王昶. 首饰生产质量检验及缺陷分析[M]. 武汉：中国地质大学出版社，2015.

[53] 黄云光，王昶，袁军平. 首饰制作工艺学[M]. 武汉：中国地质大学出版社，2015.

[54] 苏春. 数字化设计与制造[M]. 北京：机械工业出版社，2016.

[55] 李体仁. 数控加工工艺及实例详解[M]. 北京：化学工业出版社，2014.

[56] 邱艳，樊可清. 贵金属首饰数控车花系统中精度研究与评价方法[J]. 科技创新与应用，2016（14）：47-48.

[57] 蜀地一书生. 3D打印：从技术到商业实现[M]. 北京：化学工业出版社，2017.

[58] 冯春梅，杨继全，施建平. 3D打印成型工艺及技术[M]. 南京：南京师范大学出版社，2016.

[59] 章峻，司玲，杨继全. 3D打印成型材料[M]. 南京：南京师范大学出版社，2016.

[60] 吴立军，等. 3D打印技术及应用[M]. 杭州：浙江大学出版社，2017.

[61] 杨伟群. 3D设计与3D打印[M]. 北京：清华大学出版社，2015.

[62] 周功耀，罗军. 3D打印基础教程[M]. 北京：东方出版社，2016.

[63] 孙仲鸣，周汉利，高汉成. 21世纪首饰快速成型技术展望[J]. 宝石和宝石学杂志，2004，6（4）：32-35.

[64] 袁军平，王昶，申柯娅. 首饰行业快速成型设备的选用[J]. 中国铸造装备与技术，2008（3）：14-16.

[65] 刘美辰. 3D打印与首饰设计的关系研究[D]. 北京：中国地质大学，2015.

[66] 王丽娟. 激光技术在金属材料加工工艺中的应用研究[J]. 信息记录材料，2019，20（4）：52-53.

[67] 王昶，袁军平. 激光加工技术在珠宝首饰业中的应用[J]. 宝石和宝石学杂志，2009，11（2）：41-45.

[68] 陈旭阳. 金属材料加工工艺中激光技术的应用[J]. 中国高新科技，2019（11）：62-64.

[69] 龙学文，张顺如，谌雄文，等. 激光打标初探[J]. 科技视界，2018（28）：75-76.

[70] 叶建斌，戴春祥. 激光切割技术[M]. 上海：上海科学技术出版社，2012.

[71] 王树人. 冲压模具设计方法与技巧[M]. 北京：化学工业出版社，2018.

[72] 陈炎嗣. 冲压模具设计使用手册[M]. 北京：化学工业出版社，2018.

[73] 王颖. CAD技术在模具行业的应用及其发展方向 [J]. 天津理工学院学报，2003，19（2）：54-56.

[74] 高威昊，王晶，侯亚峰，等. 金属零件制造所使用模具的表面精加工技术 [J]. 世界有色金属，2019（4）：214-215.

[75] 刘蓉黔，陈民举，葛惠陟. 首饰模具CAD系统的设计与实现 [J]. 计算机与现代化，2007（7）：119-122.

[76] 常炜，于清渊，石娟娟. 从时尚产业到幻觉产业：时尚数字化创意应用研[J]. 艺术与设计（理论），2017，2（3）:82-83.

[77] 李少宏，杨小军. 基于受众需求的虚拟展示应用分析[J]. 工业设计，2019（7）：141-142.

[78] 施培国，廖浩宏，陆颖欣，等. 体感交互在商业领域中的应用分析 [J]. 通讯世界，2019（4）：57-58.

[79] 上官丽婉. 虚拟现实技术在珠宝首饰展示设计中的应用研究[J]. 产业与科技论坛，2019（13）：45-46.

◇ 后记　从数字化工具到数字化创新

　　2017年8月，欧洲服装品牌思莱德（SELECTED）正式任命微软人工智能"小冰"作为助理设计师，第一个设计任务是开发"天际线系列"服装，帮助消费者获得个性化定制插画T恤。"小冰"根据消费者哼唱的歌曲，分析旋律、节奏、情绪以及声音特质，结合消费者所在城市的地标性建筑，创作插画视觉作品并印制在T恤上。2019年8月思莱德继续携手"小冰"，基于当下的流行趋势、品牌特性和消费者情感诉求等因素，推出人工智能印花丝巾，并支持实时生成亿万个原创图案纹样。随后，"小冰"宣布将全面进军艺术、设计领域，并有意推出人工智能设计的首饰。

　　如果设计师可以被计算机替代，我们现在该做些什么？设计师的角色会发生怎样的转变？

　　人类从使用手工工具改造世界，到借助计算机精准造物，再到利用人工智能进行创造性活动，这些不得不促使我们产生思考：数字化技术与物理世界的紧密融合，首饰仅是微观的沉淀场景，不可避免地顺应时代发展而迈向全数字进程。从2009年在北京服装学院首次开设《首饰CAD电脑建模》课程，到2013年增设《首饰数字化设计与3D打印技术》课程，再到2015年将"面向时尚领域的数字化首饰创新"作为毕业设计选题和学术研究方向，笔者一直致力于用数字化思维启发设计教学。从希望学生掌握软件工具、匹配产业人才需求、找到一份好工作，到希望学生了解数字化制作工艺，完成质量精美的作品，再到希望学生具备数字化素养，应对时代挑战，开拓首饰与数字化的交叉创新。随着时间的推移，首饰数字化教学的内涵和使命，经历了一系列变更与迭代。未来数字化教学的愿景仍然会随着技术的发展、外部环境的变迁而不断进化。我们在意识层面，已经做好了充分的准备。

　　数字化技术的应用水平既是衡量产业信息化水平的重要标志，也代表一所院校能否走在时代前列，探索未来。数字化时代，什么才是有价值的学习？是超越传统的学科边界，消除专业壁垒，让首饰与更多领域交叉、融合，重构开放性的创新场景；是超越传统技能，开展广泛的合作，关注前沿领域的新资讯、新内容；是打破青年人的思维界限，让数字化不再是"新瓶装旧酒"，而是承载对现实问题和外部环境的洞察与思考。面对数字化冲击和计算机技术的更新迭代，我们需要为学生展示全新的创新路径，重新认识工具如何改变思维、影响观念。

　　对于未来首饰的样子，希望每一位学习者给出属于自己的开放性答案……

◇ 致谢

数字化本身是一个学科涉及广泛的知识系统，设计学、计算机科学、材料学、机械工程学、自动化技术彼此交融。笔者希望深入浅出，从设计应用的角度，分析、展示和讲解，以设计师视角看待数字化工具如何启发设计创新。

教材的成文过程，离不开为本书提供帮助的机构以及相关的专家、朋友和学生。感谢刻宝（上海）雕刻设备有限公司的 TYPE3 软件部门，对 3Design 软件部分的内容支持，让教材涉及的软件种类更为全面、丰富。感谢魔猴网（www.mohou.com）及其联合创始人张勇博士对教材 3D 打印章节提供的案例支持与宝贵意见，魔猴网作为互联网与 3D 打印技术结合的服务平台，致力于打印技术的研究与服务。与此同时，衷心感谢北京精雕科技集团的张国强先生、广州市爱仕珠宝有限公司的谭美玲女士、北京帝豪精艺珠宝有限公司的张禄林先生，为教材提供案例过程的拍摄和技术咨询。感谢青年首饰设计师李丹青、慕惜珠宝 3D 设计工作室首饰设计师崔金玉，北京服装学院优秀的首饰专业毕业生张泽元、朱美潓、王辛煜、张子豪、钟奇、马存硕、蒋惠思、宋徐俊男、周晔熙、梁佩怡、邹诗琪、白雨冰，为教材提供宝贵的设计案例。

感谢北京服装学院高水平教师队伍建设青年骨干教师项目"首饰数字化创新设计与应用研究"（项目编号：BIFTQG201808）和北京市数字时尚与视觉空间设计创新团队（项目编号：AJ2017-22），对本教材的撰写提供项目支持。也衷心地感谢中国纺织出版社有限公司，为教材顺利出版所做出的努力。

另外特别声明：本书部分案例图片来源于网络，此部分图片的版权归属原版权所有人，请图片版权所有者联系本书作者，以下为各图片编号对应的网站来源：

图 2-1：www.irisvanherpen.com

图 2-4: https://neri.media.mit.edu

图 2-7: www.dezeen.com

图 2-8: www.michael-hansmeyer.com/